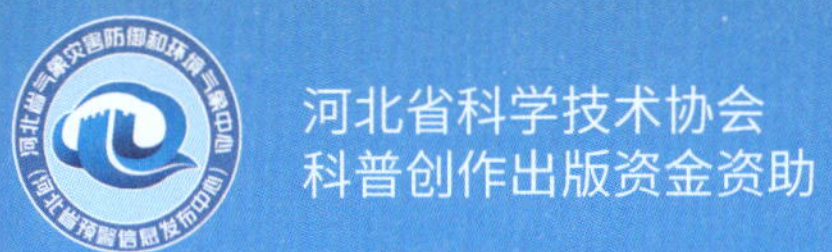

河北省居民
气象灾害防御指南

河北省气象灾害防御和环境气象中心 编著

图书在版编目（CIP）数据

河北省居民气象灾害防御指南 / 河北省气象灾害防御和环境气象中心编著. -- 北京 : 气象出版社, 2023.1

ISBN 978-7-5029-7908-9

Ⅰ. ①河… Ⅱ. ①河… Ⅲ. ①气象灾害－灾害防治－河北－指南 Ⅳ. ①P429-62

中国国家版本馆CIP数据核字(2023)第032463号

河北省居民气象灾害防御指南

Hebei Sheng Jumin Qixiang Zaihai Fangyu Zhinan

出版发行：气象出版社

地　　址：北京市海淀区中关村南大街 46 号　　邮政编码：100081

电　　话：010-68407112（总编室）　010-68408042（发行部）

网　　址：http://www.qxcbs.com　　**E-mail**：qxcbs@cma.gov.cn

责任编辑：王鸿雁　　终　　审：张　斌

责任校对：张硕杰　　责任技编：赵相宁

封面设计：濡沫视觉品牌设计工作室

印　　刷：北京地大彩印有限公司

开　　本：710 mm×1000 mm　1/16　　印　　张：5.25

字　　数：80 千字

版　　次：2023 年 1 月第 1 版　　印　　次：2023 年 1 月第 1 次印刷

定　　价：25.00 元

编委会

前言

河北省是我国受自然灾害影响最为严重的省份之一，我国常见的气象灾害在河北省均有发生。河北省的气象灾害呈现种类多、范围广、频次高、强度大、损失重的特点。随着经济社会的快速发展，自然灾害对人们的影响越来越大。如何积极引导公众学习防灾减灾知识，增强自救互救能力，提高风险防范意识，成为当前迫切需要解决的问题。

《河北省居民气象灾害防御指南》一书以河北省气象灾害风险普查数据为基础，分为灾前准备和灾害应对两大部分，对河北省居民生产生活中应当具备的气象常识和河北省常见的 9 种主要气象灾害的定义与影响、危险区域、时空分布特征、防御措施及预警信号等内容进行了详细讲解，并加入一些有趣的扩展知识，集科学性、实用性为一体，用通俗的语言为公众有效应对气象灾害提供指导。

书中河北省主要气象灾害时空分布特征的相关数据主要来源于《河北省主要气象灾害及防御规划》与《河北省气象灾害致灾危险性评估报告》，在此向两部图书的编写人员致以诚挚感谢。

河北省气象灾害防御和环境气象中心

2022年11月

目录

未雨绸缪
防患未然

看懂天气预报

如何区分天气与气候？

天气 指某个地方在某一瞬间或短时间内（几分钟到几天）发生各种天气现象及其变化的总称。

例 省气象台 11 时预报：
今天下午到夜间，全省晴间多云。

气候 指某一地区长时期内（月、季、年、数年、数十年和数百年以上等）天气的平均状态。

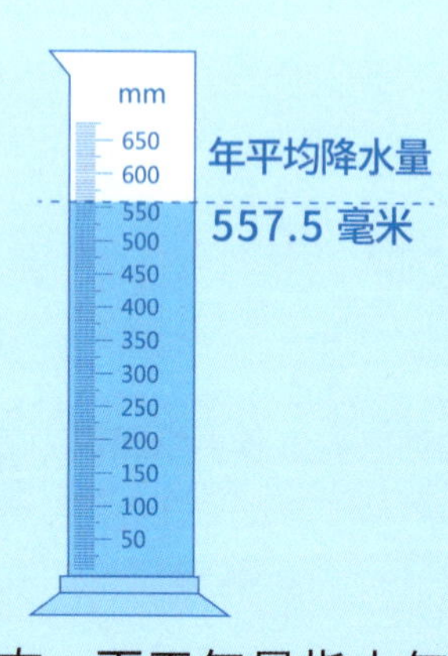

例 2020 年河北省的年平均降水量为 557.5 毫米。

一般来说，气候是指大气的平均状态，而天气是指大气的瞬时状态。

常见气象要素你知道吗？

气温 表征空气冷热程度的物理量，以摄氏度（°C）为单位。

- **天气预报中的气温**

指在标准环境里百叶箱中离地面约 1.5 米高处的观测仪器所测量的空气温度，单位为摄氏度（°C），取 1 位小数，0°C以下为负值。

注意：天气预报中的气温并非使用普通温度计在室内或户外测量出的温度。

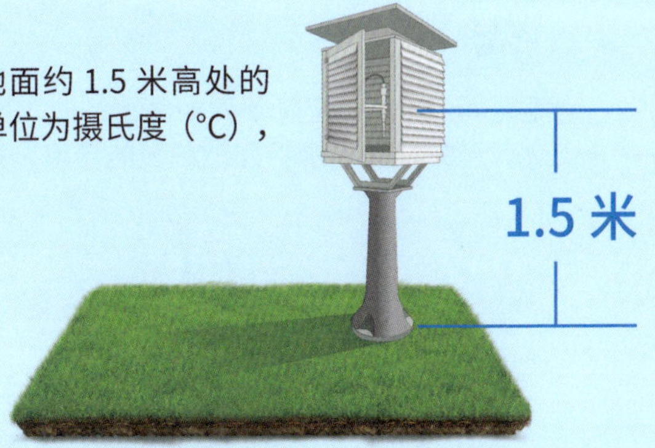

风 是空气相对于地面的水平运动。

- **风向**

指风的来向，如从北方吹过来的风叫作北风，从南方吹过来的风叫作南风。
天气预报中的风向一般采用 8 个方位来描述。

北风 东北风 东风 东南风 南风 西南风 西风 西北风

0° N 北 · 22.5° NNE 北东北 · 45° NE 东北 · 67.5° ENE 东东北 · 90° E 东 · 112.5° ESE 东东南 · 135° SE 东南 · 157.5° SSE 南东南 · 180° S 南 · 202.5° SSW 南西南 · 225° SW 西南 · 247.5° WSW 西西南 · 270° W 西 · 292.5° WNW 西西北 · 315° NW 西北 · 337.5° NNW 北西北

- **风速**

单位时间空气移动的水平距离，以米 / 秒（m/s）为单位。

- **风力**

风的强度。气象上常用风力等级表示，比如 8 级（风速≥ 17.2 米 / 秒）风。

降水 可分为液态降水和固态降水，其中液态降水为雨，固态降水包括雪、冰雹、霰等，还有一些混合型降水，如雨夹雪等。

- **降水量**

一定时间内，从天空降落到地面上的液态或固态（经融化后）的水，未经蒸发、渗透、流失，而在水平面上积聚的深度，以毫米（mm）为单位。

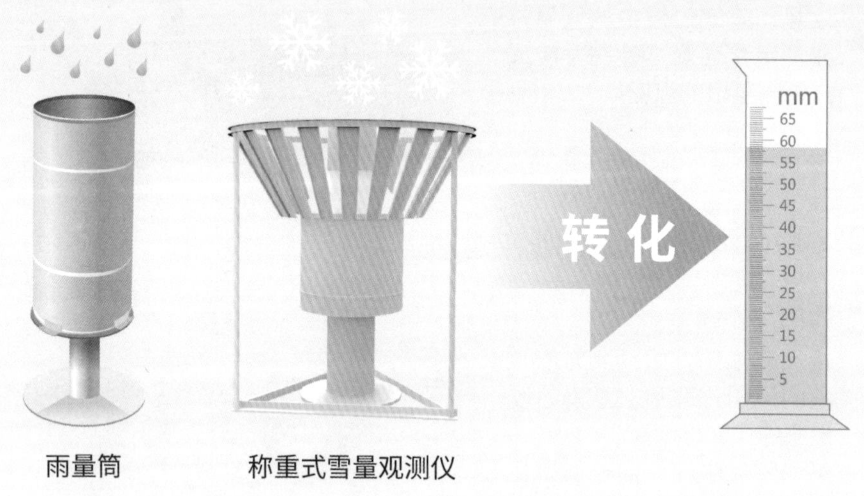

雨量筒　　称重式雪量观测仪

相对湿度 空气中实际水汽压与当时气温下饱和水汽压的比值，用于表示空气中水汽的含量。与云、雾、降水等天气现象关系密切。以百分数（%）表示。

能见度 是反映大气透明度的一个指标，指视力正常的人在当时天气条件下，能够从天空背景中看到和辨出目标物的最大水平距离。单位为米（m）或千米（km）。

是晴是阴如何判断？

晴 天空总云量 0～2 成。

少云 天空总云量 3～5 成。

多云 天空总云量 6～8 成。

阴 天空总云量 9～10 成。

晴间多云 “间”是间或、有时的意思，“晴间多云”指天空以晴为主，间或有云，少部分时间云量较多。

晴转多云 “转”是转变的意思，“晴转多云”指先出现晴天，后逐渐转为多云，侧重于天气转变过程。

天气预报里的时段如何划分？

08—20时	20时至次日08时	08时至次日08时
白天	夜间	白天到夜间

03—05时	05—08时	08—11时	11—13时
凌晨	早晨	上午	中午
13—17时	**17—20时**	**20—24时**	**次日00—05时**
下午	傍晚	上半夜	下半夜

天气预报里的局部和特定地区都是哪？

局部地区啥意思？

- **个别地点**

  指分散的点状区域。

- **局部地区**

  指预报区域内的小范围区域，一般低于该区域面积的 30%。

- **部分地区**

  指面积为预报区域的 30% ～ 60%。

- **大部分地区**

  指面积占预报区域的 60% 以上。

河北的气象地理区划

- **地区区划**

  河北省陆地区域按照南北方位，划分为北部地区、中部地区、南部地区；按照东西方位，划分为西部地区、东部地区。二级行政区为 11 个设区市和雄安新区。

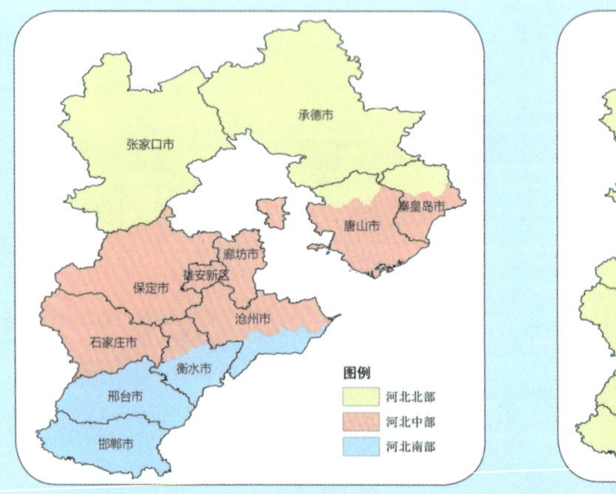

河北省陆地气象地理一级地区区划图

• 特定区划

指气象服务中长期使用并广为接受的常用地理区划，坝上地区、北部山区、西部山区、沿海地区和沿岸海域，范围如河北省气象地理特定区域区划图 1 所示，平原地区范围如河北省气象地理特定区域区划图 2 所示。

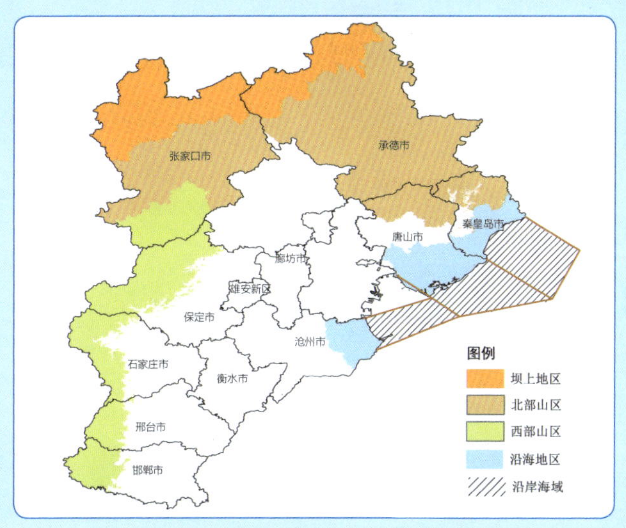

河北省气象地理特定区域区划图 1

河北省气象地理特定区域区划图 2

平原地区的划分

平原地区自北向南（蓝线分割）依次划分为北部平原、中部平原、南部平原。

平原地区自西向东（红线分割）依次划分为西部平原、东部平原。

什么是气象灾害？

气象灾害

由气象因素引发的自然灾害。

例 大风、冰雹、雷电等天气引发的灾害。

灾害链

许多气象灾害，特别是等级高、强度大的气象灾害发生以后，常常诱发出一连串的其他灾害，这种现象叫作灾害链。

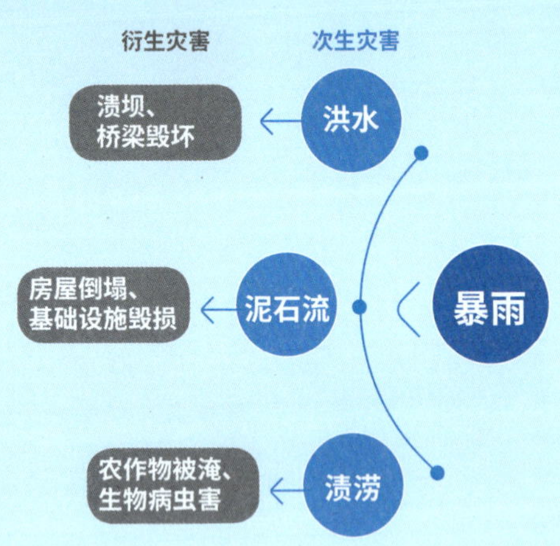

次生灾害

灾害链中最早发生的起作用的气象灾害称为原生灾害；而由原生灾害事件导致另一种自然灾害事件出现时，我们将后一种自然灾害称为次生灾害。

衍生灾害

气象灾害发生之后，破坏了人类生存的环境，由此诱导出的其他灾害称为衍生灾害。

例 暴雨引发的洪涝是次生灾害，洪涝如果处置不当，导致灾区出现公共卫生事件、水电供应中断等社会性灾害，则是衍生灾害。

了解气象灾害预警信号

气象灾害预警信号是什么?

气象灾害预警信号（以下简称预警信号）

指各级气象主管机构所属的气象台站向社会公众发布的预警信息，由名称、图标、标准和防御指南 4 部分构成。

- 由于不同省份地理气候特征存在较大差异，常见气象灾害的种类和影响程度也不尽相同，所以预警信号具有地方特点。河北省内各级气象主管机构所属气象台站发布的气象灾害预警信号包括：暴雨、暴雪、大风、寒潮、大雾、高温、沙尘暴、台风、霜冻、干旱、雷电、冰雹、霾等 13 类。

- 预警信号的级别依据灾害性天气可能造成的危害程度、紧急程度和发展态势一般划分为四级：Ⅳ级（一般）、Ⅲ级（较重）、Ⅱ级（严重）、Ⅰ级（特别严重），依次用蓝色、黄色、橙色和红色表示，同时以中英文标识。不同灾种的预警信号分级略有不同，如暴雨预警信号分为蓝、黄、橙、红四级，高温预警信号只有橙、红两级。

预警信息从哪些渠道获取？

当地电视台、IPTV（网络电视）的滚动字幕或悬挂的角标

当地电台广播

官方网站（河北天气网等）

微信、微博等新媒体平台的官方账号

96121 声讯电话

布设在社区和公共场所的电子显示屏

农村应急广播大喇叭

手机短信

请以当地气象台站发布的最新预报、预警信息为准。

做好灾前准备

信息准备

- **跟家人明确失散后的联络方式**

灾害突发时，为应对可能出现失散的情况，应提前约定应急联络电话、会合地点等联络方式。

- **向社区报备**

家有残疾人、高龄老人等特殊人群，应提前向社区和当地民政应急部门登记报备，并提前了解能够在灾害发生时获得哪些援助。

- **了解各部门应急救助电话**

提前了解居住地的供水、供电、供气、供暖及辖区派出所、社区居委会、卫生服务站等单位的应急服务电话。

积极参与防灾行动

积极参与防灾行动

- 树立自主防灾意识
- 学习自救、互救技能
- 做到不信谣、不传谣

积极参加应急演练

- 掌握灾害应对流程
- 发现防灾措施漏洞
- 熟悉避险路线、场所

积极参加防灾保险

- 人身意外伤害保险
- 家庭财产保险
- 车辆船只保险

如何确定避险路线

了解灾害风险区域

了解本社区内各类气象灾害的高风险区域有哪些，比如易积水点、危旧建筑等，以及这些高风险区域分布在哪里。

选定应急避险场所

一般为附近的医院、学校、公园、广场、体育场等。

规划避险逃生路线

根据所处区域实际情况，以安全、快速为原则，规划两到三条避险逃生路线。

进行紧急逃生演练

反复几次，确定最优避险路线和备用路线并牢记。

物资准备

食物		高脂肪、淀粉和糖类等不易腐坏变质的食物。包括巧克力、坚果类、压缩饼干、能量棒、开罐即食肉罐头等。
饮水		瓶装矿泉水，按每人每天至少 2 升的标准准备。另外可准备净水消毒片以备不时之需。
药品		包含抗感染、抗感冒、抗腹泻类药品，创可贴、酒精消毒片、纱布、碘伏棉棒、弹性绷带、医用胶布等。
生活用品		湿纸巾、肥皂清洁剂、卫生纸、垃圾袋、雨衣、防尘口罩、防滑手套、保暖睡袋、备用衣物、适合走路的鞋子等。
救灾用品		收音机以及备用电池、手电筒和备用电池、手机和充电器及充电宝、救生哨、逃生绳、多功能剪刀、开罐器、防水火柴和急救蜡烛等。
信用卡现金等		身份证、银行卡和现金等随身财物、有家庭联系方式的字条或卡片，根据家庭成员的特殊需求准备备用眼镜等其他必要物品。
家有婴儿		奶粉、奶瓶、尿不湿等。
行动不便人员		轮椅、担架等。
家有慢性病人	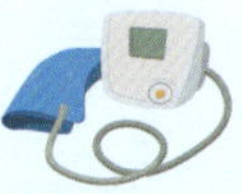	必备药品及相关医疗器械。

技能准备

熟悉阀门关闭方法

水管总阀门

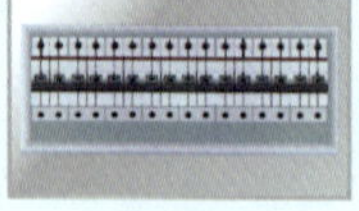

总电闸

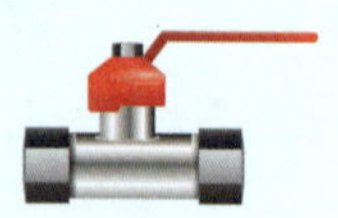

燃气总开关

熟悉水管阀门、总电闸、燃气开关的确切位置；了解各类阀门的关闭方法；灾害发生时，第一时间关闭家中的水、电、气等供应设施。

熟知应急求救方法

手电

燃烧物

颜色鲜艳衣物

遇到气象灾害危及生命安全时，或遇到其他紧急情况，可拨打 110、119 或者 120 求救。

在通信中断的情况下，可以借助金属盆、镜子（手电）、燃烧物、颜色鲜艳的衣服等物品，利用声、光、烟火等易被察觉的方式发出求救信号。

掌握急救常用技能

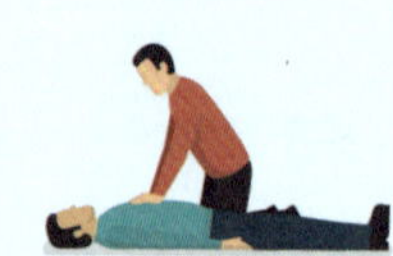

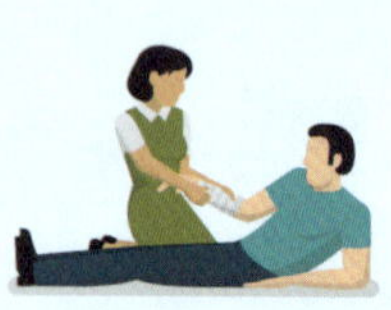

灾害性天气有可能引发人体心脏骤停或意外伤害，掌握正确的心肺复苏、外伤急救处理等简单急救技能，可有效救助伤员。

❶ 判断意识，判断呼吸 然后拨打 120

拍双肩，唤双耳，查呼吸。
注意口中有无异物。

❷ 摆放仰卧体位

❸ 胸外按压

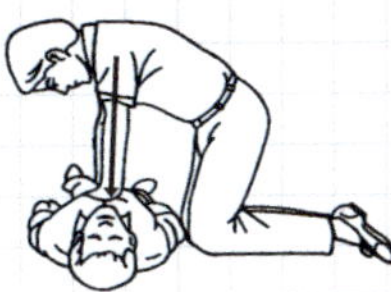

- 胸外按压与人工呼吸的次数比：1 岁至青春期的儿童，单人操作为 15 : 2，双人操作为 30 : 2。对于成人，无论单人操作还是双人操作均为 30 : 2；每完成 5 组需对呼吸和脉搏进行评估。
- 位置：胸部正中，两乳头连线中点；
- 姿势：肩关节、肘关节、腕关节垂直成一条直线，双手掌重叠，手指抬起，掌根用力；
- 深度：儿童为 5 厘米，成人为 5 ～ 6 厘米。
- 频率：100 ～ 120 次 / 分钟。

❹ 开放气道（仰头举额法）

❺ 人工吹气 2 次

捏鼻，
口包口，
吹气。

❻ 重复“❸❹❺”步

积极应对
减小伤害

暴雨

定义及影响

暴雨 24 小时降水量为 50 毫米或以上的雨称为暴雨。

• 降雨量等级划分

等级	24 小时降雨量 （单位：毫米）
微量降雨（零星小雨）	<0.1
小雨	0.1~9.9
中雨	10.0~24.9
大雨	25.0~49.9
暴雨	50.0~99.9
大暴雨	100.0~249.9
特大暴雨	⩾ 250.0

• 暴雨的影响

暴雨会引发洪水、城市内涝等灾害，冲毁或淹没道路、输电线路等设施，中断城市的交通运输、供水、供电和燃气等，影响城市正常运转和居民正常生活。在山区，暴雨还可能引发山洪、泥石流、滑坡等次生地质灾害，给人民生命财产安全造成严重威胁。

暴雨也能够蓄水抗旱、改善土壤墒情，还可以净化空气、调节气温，有利于人体健康。

知识窗

1 毫米降水有多少？

1 毫米的降水量相当于在没有蒸发、流失和渗透的情况下，1 平方米的地面上接收到了 1 升水。

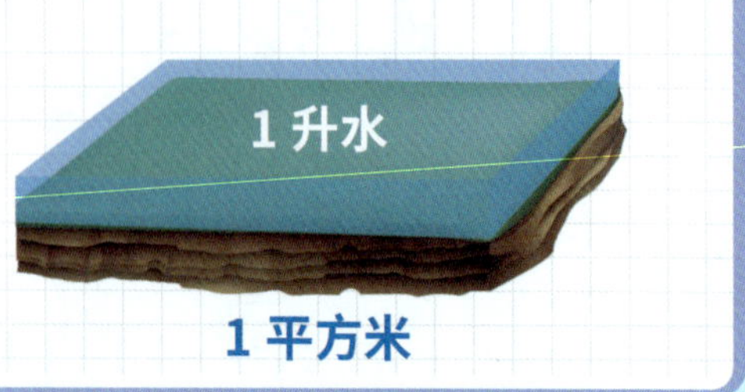

时空分布规律

时间分布规律

- **河北省暴雨和大暴雨集中出现在 6—8 月，出现次数均以 7 月最多。**

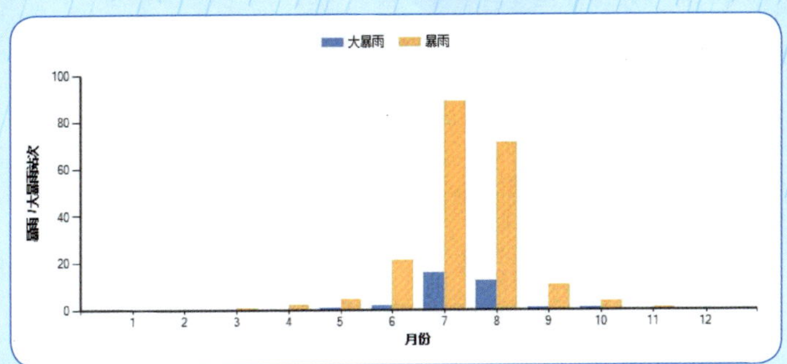

1978—2020 年河北省暴雨及大暴雨月平均站次逐月分布*

- **河北省汛期**

汛　期	6月1日至8月31日
主汛期	7月10日至8月10日
盛汛期	7月21日至8月10日，也就是我们常说的“七下八上”关键期

空间分布规律

- **河北省暴雨日数呈现南多北少、东多西少的态势**

  唐山遵化市暴雨日数最多，43 年间共出现 110 天。

- **河北省暴雨致灾危险性呈南高北低，沿海和太行山区高平原低的特征**

  承德南部、唐山大部、秦皇岛西部、沧州东部、衡水东部、石家庄西部、邢台西部、邯郸西部风险最高。这是综合考虑持续天数、过程累计降水量、最大日降水量、最大小时降水量等因素得到的。

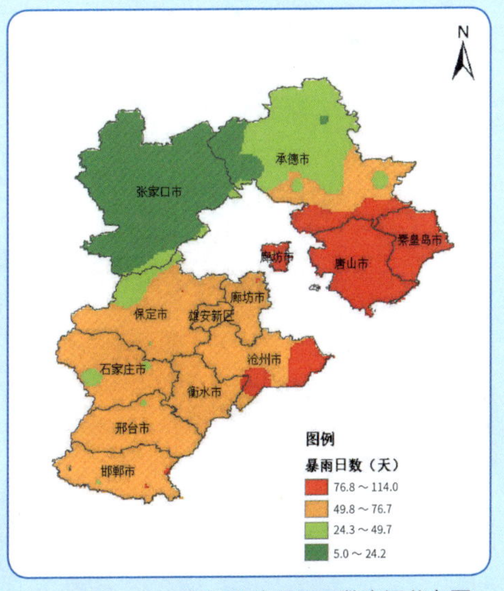

1978—2020 年河北省暴雨日数空间分布图

* 注：图中“暴雨 / 大暴雨站次”为全省 142 个国家气象观测站该月暴雨 / 大暴雨次数之和除以统计年数得出。

河北省盛汛期为何是“七下八上”？

我国的华北、东北地区每年的 7 月下旬到 8 月上旬为盛汛期，这主要是受副热带高压的影响。副热带高压是位于副热带地区的一个暖性高压系统。在副热带高压脊线的西北侧往往会伴有强盛的西南暖湿气流，把太平洋上的水汽源源不断地输送过来，此时如果遇到冷空气入侵，冷暖空气对峙的地方就会形成降雨。副热带高压每年都会按一定规律进行南北移动，7 月底至 8 月初，副热带高压脊线会北跳跨过北纬 30°并在此停留。降雨区就恰好处于华北和东北一带。给河北造成严重灾害的“63・8”“96・8”和 2012 年的“7・21”、2016 年“7・19”暴雨都发生在这个时段，因而河北的盛汛期被称为“七下八上”。

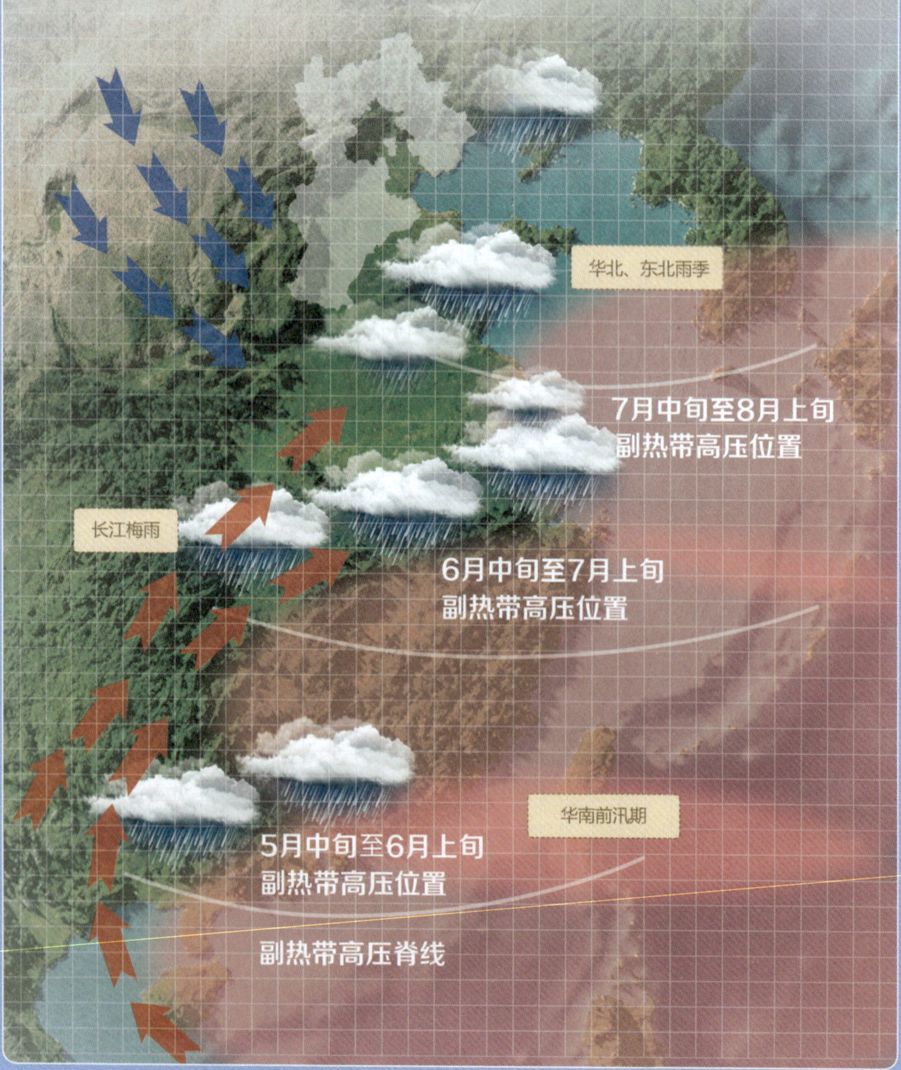

华北、东北雨季

7月中旬至8月上旬
副热带高压位置

长江梅雨

6月中旬至7月上旬
副热带高压位置

华南前汛期

5月中旬至6月上旬
副热带高压位置

副热带高压脊线

危险区域

带电设施容易使周围积水带电，危旧房屋和临时建筑容易发生坍塌，地下建筑和设施容易出现积水倒灌，排水设施附近若不慎摔倒易被积水冲走。

危险区域

临时搭建物和
简易建筑及周围

电线杆
高压线塔
路灯杆周围

地下商场、地下通道、
地下车库和
地下室等地势低洼处

被积水覆盖的
排水井口和排水沟、
漫水桥等

危旧房屋
墙体及周围

防御措施

来临前

	**关注天气预报预警**	随时关注天气预报和灾害预警信息，及时了解政府的防灾部署。
	**采购必要生活物资**	提前准备好饮用水、食物和应急照明设备等，以免断电断水后生活不便。
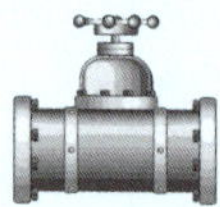	**确保排水通畅**	及时清理室外排水管道，检修水泵等排水设备，防止因排水不畅积水成灾。
	**备好挡水设施**	在低洼地带的建筑物、地下车库出入口等处提前设置挡水板、沙袋等防水设施。
	**转移贵重物品**	将车辆停放在不易积水的地方，住在底层的居民应提前将家中的贵重物品转移到高处。
	**做好逃生准备**	危旧房屋和低洼地带居住人群，提前收拾好生活必需品，熟悉安全逃生路线，做好转移准备。

正当时

•在室内

	**避免外出**	若室内安全，则应避免外出，并随时关注天气变化。
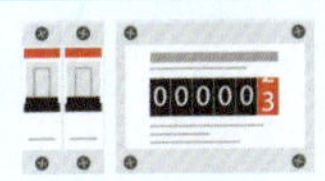	**切断电源**	若室内已经开始进水，应迅速关闭电源总开关，防止积水带电伤人。
	**准备转移**	若积水持续涌入室内，不要贪恋财物，按照预定逃生路线迅速转移。
	**积极自救**	若被洪水包围，立刻报警求助，并利用门板、空油桶等漂浮物积极自救。

•在户外

	**远离积水区域**	避免在积水中行走，无法躲开积水时，应试探缓行，远离积水中的漩涡、喷泉样区域，防止跌入排水井、排水沟。
	**远离带电物体**	电线杆、路灯杆和带电广告牌等被积水浸泡时，老化的电线接头容易漏电，导致积水带电使行人受到伤害。
	**远离危旧墙体**	危旧墙体、简易建筑和临时搭建物长时间被积水浸泡容易倒塌，雨中行走或避雨时应当远离以防砸伤。

知识窗

积水中突觉脚下发麻该咋办？

在积水中行走时，若感到脚下发麻，可能是附近有漏电现象。此时不可再继续往前走，应迅速转身后撤8米以上，及时报警并设置标识提醒其他行人。

• 在开车

保持低速慢行

雨水影响视线且会导致轮胎摩擦系数变小，应把稳方向盘，保持低速行驶，避免反复变道，需要转弯时要缓踩刹车，防止车辆侧滑。

使用示宽灯和雾灯

开启示宽灯和雾灯，以方便后车判断车辆位置，避免追尾事故。

强降雨尽快停车

如遇强降雨严重影响视线，则应尽快将车停靠到安全处暂避，并打开双闪提示其他车辆。

涉水行驶缓踩油门

涉水行车应保持低挡位、稳住油门、低速直行，不可中途停车、换挡或急转方向；路上有行人时更要减缓车速，以免溅起水花弄湿路人的衣物。

水深不明切勿入水

当水深超过排气管或没过轮胎中线时，不要冒险涉水；地道桥、涵洞内如已有积水，但不知积水深度，不可贸然进入，以防水中熄火被困。

水中熄火迅速撤离

车辆涉水熄火不可再次启动，否则容易导致发动机受损；应迅速下车转移到安全地带，若车门已无法打开，可击碎车窗逃生。

知识窗

被困车内如何破窗逃生？

车内应常备安全锤。当车门无法打开时，可使用安全锤敲击侧窗玻璃四角，使其破碎后逃生。侧窗玻璃的中间部分与前后挡风玻璃不易敲碎。若车内没有安全锤，可取下座椅头枕，使用头枕下方金属支架破窗。

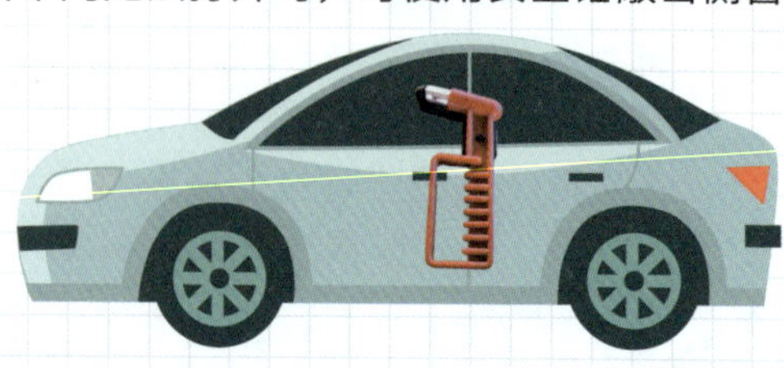

• 在旅行

提前关注天气预报

出行前提前关注目的地天气预报信息，有较强降雨天气时应避免前往涉山涉水景区。

服从景区管理

景区进行限流或者劝返、疏散游客时，听从安排，尽快按要求撤离。

不在沟谷扎营

雨季在山区游玩，切不可在山谷内、河水旁扎营休息，以防突发山洪、泥石流。

不参加漂流等高风险游玩项目

应选择有资质的正规旅游景区，不去“野山、野水”游玩，不参与不正规的游玩项目。

遇到山洪怎么办？

在山区游玩时河水突然变浑，同时伴有大地震颤或从上游传来异常声响，就说明山洪马上要来了，应立即向与河道垂直方向的高处跑。绝不可尝试横渡洪水，因为洪水流速极快，且往往夹杂有很多树枝、石块和杂物，水下地形也极为复杂，人一旦进入非常危险。如果不幸被卷入洪水，应保持冷静，迅速抓住身边的漂浮物或岸边的植物，等待救援。

发生后

远离残留洪水

避免在水流中行走或接触残留洪水，以免因水体受污水、汽油等污染或接触地下电缆等带电而受伤害。

注意房屋安全

远离仍然被洪水包围的建筑；若能返回家园，注意检查房屋结构损坏情况和屋内水、电、气等设施由于洪水破坏存在的危险。

尽快修复生活设施

尽快修复损坏的化粪池、污水池和饮用水过滤系统，以防影响人体健康。

做好防疫工作

配合卫生防疫部门做好消毒工作，注意个人卫生，不摄入受污染的食物和水；有病及时就医，若发现有人出现传染病症状后，及时报告卫生防疫部门。

加强地质灾害防范

滑坡、崩塌等地质灾害具有一定的滞后性，暴雨过后也不能放松警惕，应加强隐患巡查，及时采取防范措施。

保持良好心态

灾后可通过保持日常习惯、与人交流倾诉、参与娱乐休闲活动、平衡营养膳食等方式缓解精神压力，保持良好心态。

如何检查水质？

在无法或尚未获取官方权威消息时，你可以通过看、嗅、尝、验的方式简易判断饮用水水质是否安全。

看: 干净的水应该无色、无异物等。

嗅: 干净的水没有异味。

尝: 干净的水没有味道，如果发现有酸、涩、苦、麻、辣、甜等味道则不能饮用。

验: 如条件允许，可利用水质检验设备等对水质进行快速检验，合格后可饮用。

暴雨预警信号

暴雨预警信号由低到高划分为四级，分别以蓝色、黄色、橙色、红色表示。

预警等级	图标	标准	防御指南
蓝色	暴雨 蓝 RAIN STORM	预计未来24小时内降雨总量达到50毫米以上，或者其中1小时降雨量达到40毫米以上；或者实况已出现上述情况之一，且降雨可能持续。	1. 政府及相关部门按照职责做好防暴雨准备工作； 2. 学校、幼儿园采取适当措施，保证学生和幼儿安全； 3. 驾驶人员应当注意道路积水和交通阻塞，确保安全； 4. 检查城市、农田、鱼塘排水系统，做好排涝准备。
黄色	暴雨 黄 RAIN STORM	预计未来24小时内降雨总量达到100毫米以上，或者其中1小时降雨量达到60毫米以上；或者实况已出现上述情况之一，且降雨可能持续。	1. 政府及相关部门按照职责做好防暴雨工作； 2. 交通管理部门应当根据路况在强降雨路段采取交通管制措施，在积水路段实行交通引导； 3. 切断低洼地带有危险的室外电源，暂停在空旷地方的户外作业，转移危险地带人员和危房居民到安全场所避雨； 4. 检查城市、农田、鱼塘排水系统，采取必要的排涝措施。
橙色	暴雨 橙 RAIN STORM	预计未来24小时内降雨总量达到150毫米以上，或者其中1小时降雨量达到80毫米以上；或者实况已出现上述情况之一，且降雨可能持续。	1. 政府及相关部门按照职责做好防暴雨应急工作； 2. 切断有危险的室外电源，暂停户外作业； 3. 处于危险地带的单位应当停课、停业，采取专门措施保护已到校学生、幼儿和其他上班人员的安全； 4. 做好城市、农田的排涝，注意防范可能引发的山洪、滑坡、泥石流等灾害。
红色	暴雨 红 RAIN STORM	预计未来24小时内降雨总量达到200毫米以上，或者其中1小时降雨量达到100毫米以上；或者实况已出现上述情况之一，且降雨可能持续。	1. 政府及相关部门按照职责做好防暴雨应急和抢险工作； 2. 停止集会、停课、停业（除特殊行业外）； 3. 做好山洪、滑坡、泥石流等灾害的防御和抢险工作。

雷电

定义及影响

雷电 指积雨云内、云际或云地之间产生的，伴有闪电和雷鸣的剧烈放电现象。

• 雷电的危害

云地闪电（地闪）

对日常生活影响最为严重，常常造成人畜伤亡、建筑物损毁，还会引发火灾，造成电力、通信和计算机系统的瘫痪等事故，给国民经济和人民生命财产带来巨大的损失。

云内和云际闪电

主要影响航空飞行安全。

• 雷电的益处

制造氮肥

促进植物生长

制造负氧离子

雷电可以制造氮肥，促进植物生长，并能制造负氧离子、净化空气，有益于身体健康。

时空分布规律

时间分布规律

河北省雷电主要集中于6—8月，以7月出现的雷暴日数最多。对比一日内每小时雷电频数，高峰期出现在15—21时，低谷期出现在8—12时。

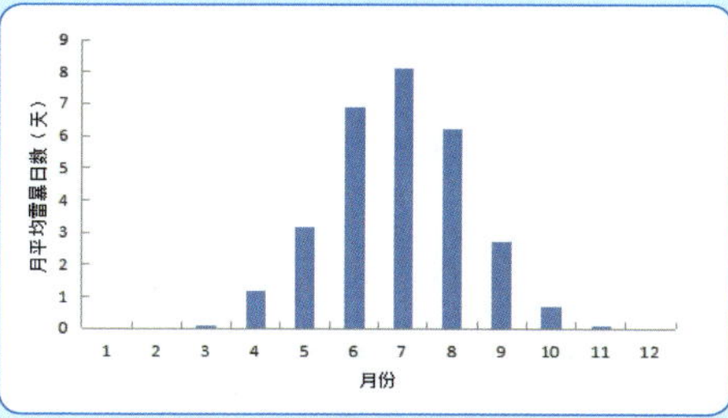

1978—2020 年河北省平均雷暴日数逐月分布*

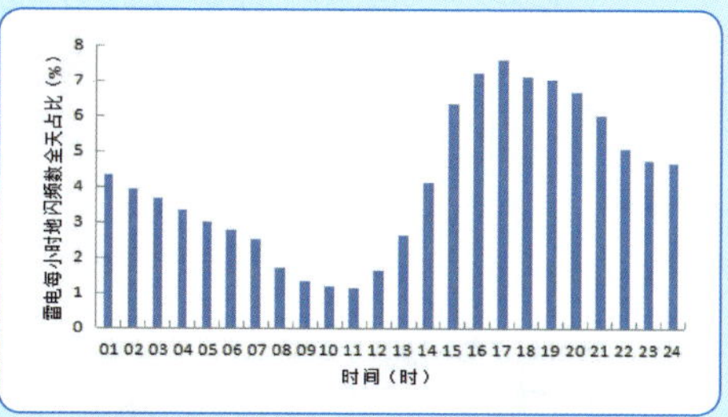

1978—2020 年河北省雷电地闪频数逐时全天占比分布

空间分布规律

- **河北省年平均雷暴日呈现从西北、北部向东南递减的态势**

  承德、张家口大部分地区年平均雷暴日在 38.9 ～ 45.6 天，为多雷区。

- **河北省雷电致灾危险性整体上呈现北高南低、西高东低的分布特征**

  张家口及承德大部分区域、秦皇岛北部、保定北部及西部、石家庄西部、邢台西部和邯郸西部的危险性最高。这是综合考虑雷击密度、地闪强度、土壤导电率和海拔、地形等因素得到的。

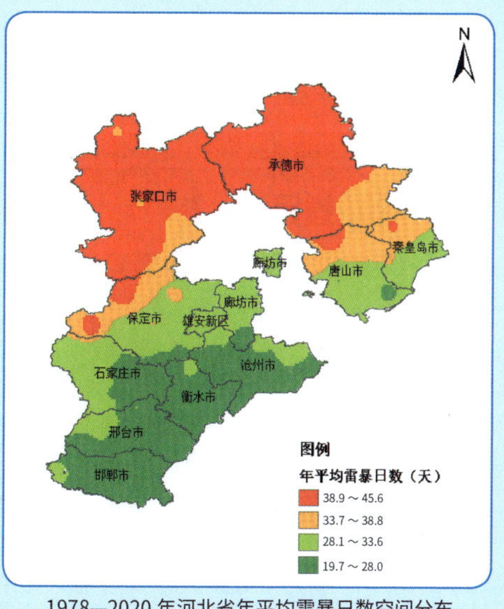

1978—2020 年河北省年平均雷暴日数空间分布

* 注：图中“月平均雷暴日数”为全省 142 个国家气象观测站该月雷暴日数平均值除以统计年数得出。

危险区域

高耸建筑物、树木、金属管线和水体周围容易引雷，身处空旷地带易被雷电袭击，危化场所发生雷击后易着火、爆炸，无防雷设施的建筑物没有防雷保护效果。

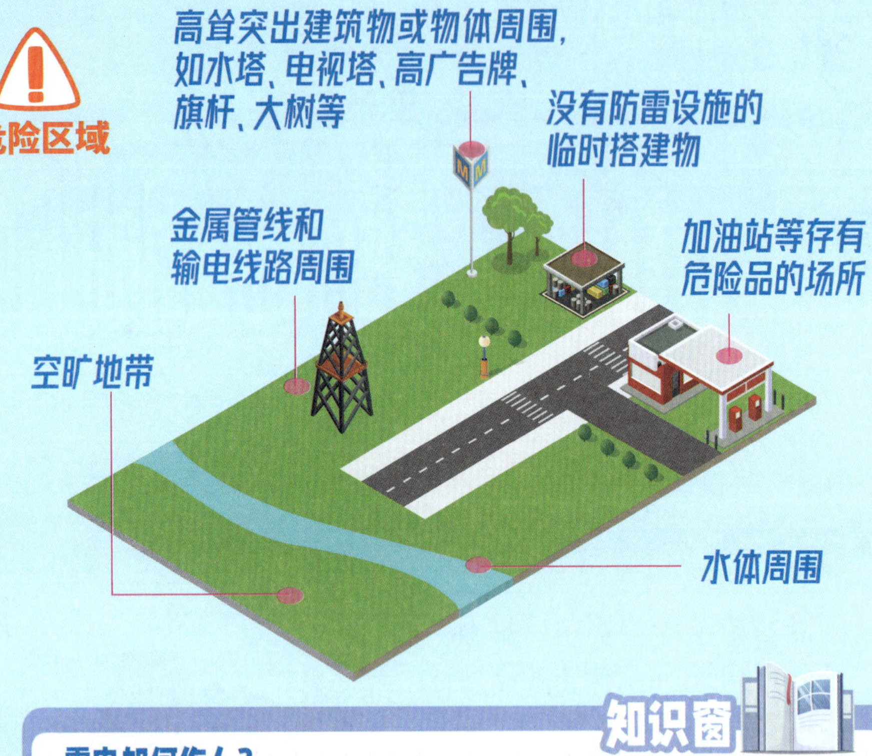

知识窗

雷电如何伤人？

雷击造成人身伤亡主要有 4 种途径：直接雷击、接触电压、旁侧闪击和跨步电压。

直接雷击： 闪电直接袭击人体，高达几万到十几万安培的雷电电流通过人体流入大地，给人体带来严重伤害，甚至造成死亡。

接触电压： 人体接触有雷电流经过的物体（例如大树、电线杆、水管或各类金属管线等），电流在这些物体上形成的极高电压对人体造成伤害。

旁侧闪击： 当人与被雷击中的物体较近，雷击对象与人体之间的空气会被击穿而对人体放电，从而使人受到雷击伤害。

跨步电压： 如果人体位于落雷点附近，因两脚之间具有一定电位差，就会在人的两脚间产生电压，并生成电流通过人体。两脚距离越大，跨步电压越大，造成的伤害也就越大。

防御措施

来临前

关注预报预警信息

及时关注气象部门发布的预报、预警信息，收到雷电预警信号，尽量避免外出。

选择防雷设计和装置合格的小区

购买房屋时，注意查看防雷安全相关审批文件，选择防雷设计和装置合格的小区。

关好门窗

关好门窗，防止直击雷或球形雷进入室内。

拔掉金属线缆

关闭电器，拔掉电源线、电话线、网线及电视天线，防止这些导线将雷击引入室内或造成电器设备损坏。

知识窗

在哪里躲避雷击更安全？

留在有防雷装置的牢固建筑物内。

进入密闭的汽车、船舱等有金属外壳屏蔽的交通工具内，并关闭门窗和车上的收音机等设备。

在野外可快速进入山洞深处，但若山洞很短或躲在洞口处都起不到保护作用。

无处可躲时可选择地势低洼处两脚并拢下蹲，同时双手护耳，胸口紧贴膝盖，并尽量低下头。

正当时

• 在室内

远离阳台

远离阳台、窗户和外墙。

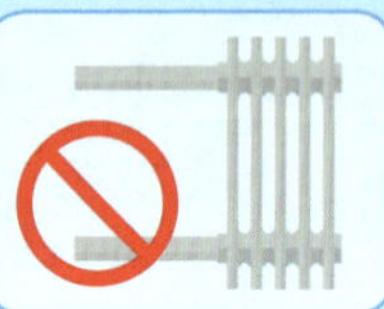

远离金属管道

远离室内的金属管道，如暖气管（片）、自来水管和燃气管等。

不可洗澡

不要洗澡，特别不能使用太阳能热水器洗澡，以防水流带电伤人。

雷电怎样损坏家里的电器？

雷电多通过以下 3 种途径对家用电器造成损坏：

- 雷电通过电磁辐射对建筑物内的电力线路或家用电器等电子设备造成干扰；
- 雷电产生的感应过电压沿无线电天线、架空线、电缆外皮或者各类金属管线传入仪器设备，造成各类电器、电子设备和精密仪器等损坏；
- 引下线、接地装置等用于泄放雷电流的装置由于巨大电位差对其周围的金属物体、设备或线路产生反击，导致家用电器、仪器设备等损坏。

• 在户外

	**远离高处**	不要在高处停留，如山顶、山脊或楼顶等。
	**远离空旷区域**	不要在空旷的地方停留，如操场、广场等。
	**远离高耸物体**	不能在高塔、旗杆、烟囱、高耸的广告牌和大树下停留、避雨。
	**远离简易建筑**	不能进入孤立的棚屋、岗亭、帐篷等临时或简易建筑。
	**远离水面**	不可在河湖海滨等水体游泳、划船，或在河边洗衣服、钓鱼、玩耍。
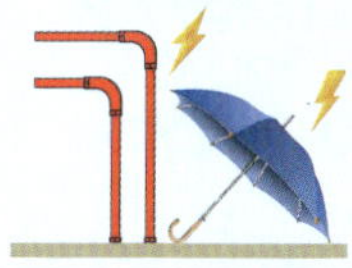	**远离金属物体**	不使用铁柄雨伞，不将铁锹、高尔夫球杆等金属类物品扛在肩上；远离避雷针引下线、架空金属物体和外露的金属管线等。
	**不要快速移动**	不要在雷雨中奔跑或开摩托车、骑自行车快速前行。
	**不与他人紧密接触**	多人同行时，不要挤在一处或有其他身体接触，应保持几米间隔。

发生后

•人身伤害

发现有人因雷击受伤，应拨打 120 并尽快施救，接触伤者不会导致施救者触电。

如果遭受雷击者衣服着火，可往其身上泼水，或者用厚外衣、毯子将身体裹住以扑灭火焰。着火者切勿惊慌奔跑，可在地上翻滚以扑灭火焰，或趴在有水的洼地、池中熄灭火焰。

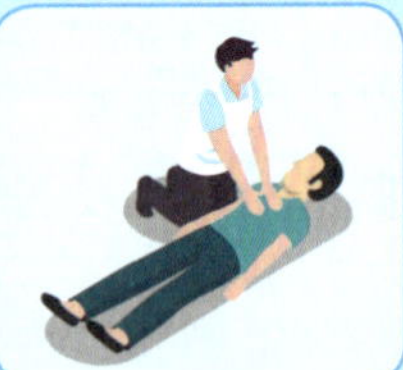

注意观察遭受雷击者有无意识丧失和呼吸、心跳骤停的现象，若有呼吸、心跳，可保持伤者呼吸畅通，等待 120 实施急救；若伤者已无呼吸、心跳，应迅速进行心肺复苏抢救，直至呼吸、心跳恢复或急救人员赶到。

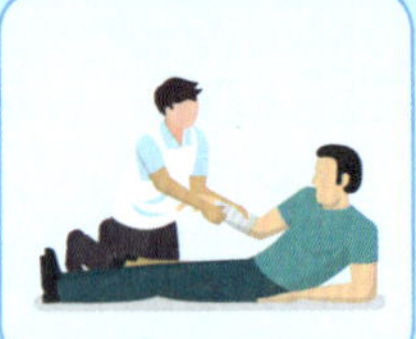

电灼伤创面的处理，用冷水冷却伤处，然后盖上敷料，例如，把清洁手帕盖在伤口上，再用干净布块包扎。若无敷料可用清洁床单、被单、衣服等将伤者包裹后转送医院。

•财产损失

造成家电、电子设备或建筑物损坏的，应及时向当地气象部门上报灾情。

购买了相关财产保险的，及时向保险公司申请赔付。

可请有资质的专业机构对建筑物和供电、网络系统的防雷安全状况进行评估分析，进一步完善防雷措施。

雷电预警信号

雷电预警信号由低到高划分为三级，分别以黄色、橙色、红色表示。

预警等级	图标	标准	防御指南
黄色	雷电 黄 LIGHTNING	6 小时内可能发生雷电活动，可能会造成雷电灾害事故。	1. 政府及相关部门按照职责做好防雷工作； 2. 密切关注天气，尽量避免户外活动。
橙色	雷电 橙 LIGHTNING	2 小时内发生雷电活动的可能性很大，或者已经受雷电活动影响，且可能持续，出现雷电灾害事故的可能性比较大。	1. 政府及相关部门按照职责落实防雷应急措施； 2. 人员应当留在室内，并关好门窗； 3. 户外人员应当躲入有防雷设施的建筑物或者汽车内； 4. 切断危险电源，不要在树下、电杆下、塔吊下避雨； 5. 在空旷场地不要打伞，不要把农具、羽毛球拍、高尔夫球杆等扛在肩上。
红色	雷电 红 LIGHTNING	2 小时内发生雷电活动的可能性非常大，或者已经有强烈的雷电活动发生，且可能持续，出现雷电灾害事故的可能性非常大。	1. 政府及相关部门按照职责做好防雷应急抢险工作； 2. 人员应当尽量躲入有防雷设施的建筑物或者汽车内，并关好门窗； 3. 切勿接触天线、水管、铁丝网、金属门窗、建筑物外墙，远离电线等带电设备和其他类似金属装置； 4. 尽量不要使用无防雷装置或者防雷装置不完备的电视、电话等电器； 5. 密切注意雷电预警信息的发布。

冰雹

定义及影响

冰雹 是一种来自积雨云的固态降水物，常呈圆球形或圆锥形。

• 冰雹的影响

冰雹常与雷电、大风、短时强降雨相伴发生，以砸伤、砸毁影响为主，虽然出现的范围小、时间短，但因来势猛、强度大，会给工农业生产和建筑、通信、电力、交通及人畜安全带来巨大损失。

固态降水有哪些？

除冰雹外，固态降水还有雪、霰、米雪和冰粒等。

雪 是水或冰在空中凝结而成，通常只会在很低的温度及温带气旋的影响下才会出现，形状各异。

霰 又称雪丸或软雹，由白色不透明的球形或锥形的颗粒组成的固态降水，直径 2～5 毫米。

米雪 是云中降落的非常小的不透明的白色冰粒，直径小于 1 毫米，形状多为扁长型。

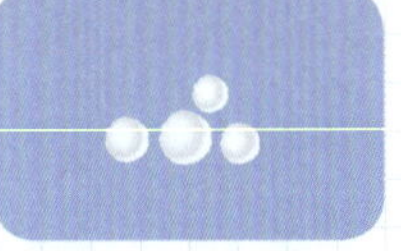

冰粒 又称冰丸，由雨滴或大部分已融化的雪在下降过程中冻结而成，直径 1～5 毫米，呈白色透明的丸状或不规则状。

时空分布规律

时间分布规律

- **河北省冰雹以 5–7 月发生较为频繁，6 月冰雹日数最多。**
- **冰雹持续时间平均 4~8 分钟，其中 7 月的最长，约 7.5 分钟。**

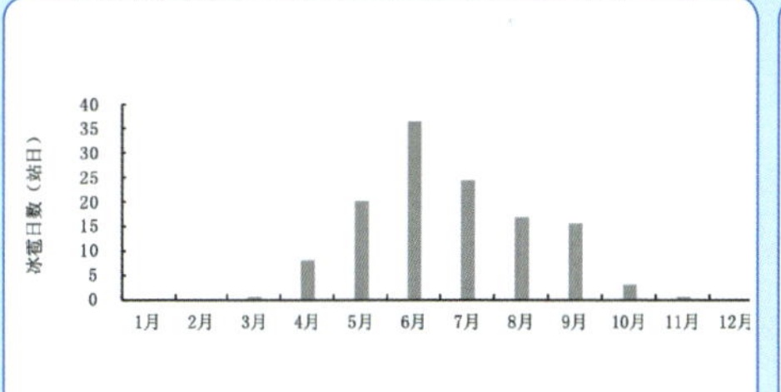

1978—2020 年河北省冰雹日数逐月分布*

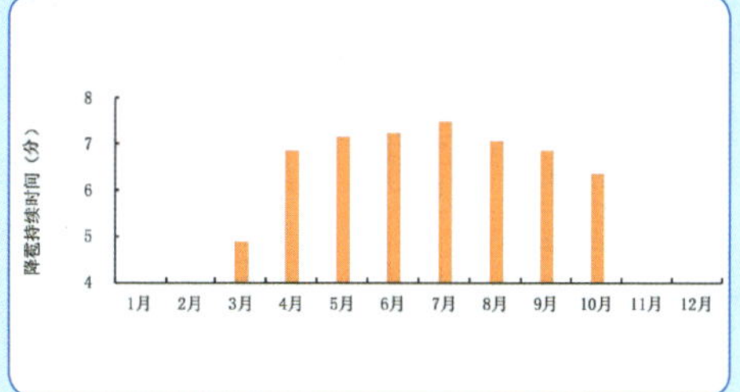

1978—2020 年河北省平均降雹持续时间逐月分布

空间分布规律

- **河北省冰雹日数空间分布由西北向东南依次减少**

  尚义冰雹日数最多。

- **河北省冰雹灾害致灾危险性整体表现为由西北向东南逐渐降低**

  张家口北部、承德西部及保定、衡水、邢台、邯郸 4 市的局部危险性等级高，其中邯郸峰峰最高。这是综合考虑降雹日数、持续时间和最大冰雹直径等因素得到的。

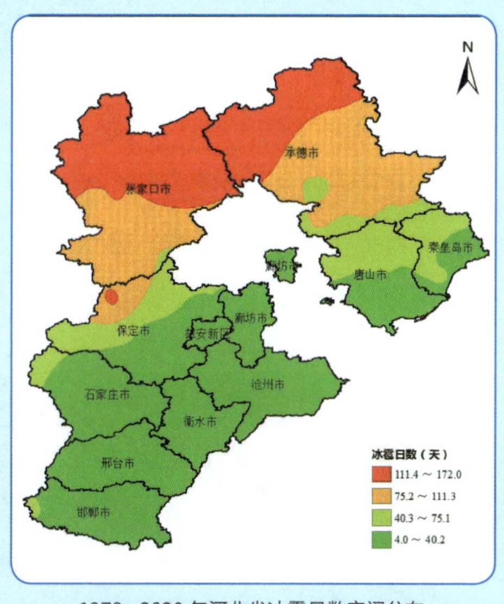

1978—2020 年河北省冰雹日数空间分布

* 注：图中“冰雹日数”为全省 142 个国家气象观测站该月冰雹日数之和除以统计年数得出。

危险区域

玻璃设施易被冰雹砸碎伤及周围人员，临时搭建物和危旧建筑在冰雹及相伴发生的大风影响下易倒塌，身处空旷地带容易被冰雹砸伤。

知识窗

冰雹过后，我们常常发现出现冰雹的区域又窄又长，就像一条细长的带子，所以就有了“雹打一条线”的俗语。出现这一现象是因为冰雹只能生成于积雨云中上升气流最旺盛的地方，而符合冰雹生成条件的积雨云，大多只有两三千米的宽度，而积雨云移动的速度却很快，短时间内就可以移动几十千米以上，所以，冰雹往往就下在两三千米宽、几十千米长的狭长地带。

防御措施

在室内

	**关注天气变化**	随时关注天气预报、预警信息，收到冰雹预警信号或者其他预警信息中提到可能出现冰雹时，应尽量避免外出。
	**妥善安置室外物品和宠物**	妥善安置好易受冰雹影响的室外物品和在室外饲养的宠物。
	**关好并远离门窗**	关好并远离玻璃门窗，以防冰雹击碎玻璃被划伤。

在户外

	**暂停户外活动**	发生冰雹时立刻暂停户外活动，护住头部就近转移到牢固建筑物内躲避。
	**远离易落易坠物体**	不要在广告牌下、玻璃幕墙附近和头顶有玻璃、木板的场所，以及危旧建筑和枯树下停留。
	**保护好头部**	在户外突遇冰雹，应立刻用随身携带的书包、衣物或就近寻找纸箱等物体保护好头部。
	**勿食冰雹**	看管好儿童，不可让孩子捡食冰雹。

冰雹预警信号

冰雹预警信号由低到高划分为两级，分别以橙色、红色表示。

预警等级	图标	标准	防御指南
橙色	冰雹 橙 HALL	2小时内可能出现冰雹天气，并可能造成雹灾。	1. 政府及相关部门按照职责做好防冰雹的应急工作； 2. 气象部门做好人工防雹作业准备并择机进行作业； 3. 户外行人立即到安全的地方暂避； 4. 驱赶家禽、牲畜进入有顶棚的场所，妥善保护易受冰雹袭击的汽车等室外物品或者设备； 5. 注意防御冰雹天气伴随的雷电灾害。
红色	冰雹 红 HALL	1小时内出现冰雹的可能性极大，并可能造成重雹灾。	1. 政府及相关部门按照职责做好防冰雹的应急和抢险工作； 2. 气象部门适时开展人工防雹作业； 3. 户外行人立即到安全的地方暂避； 4. 驱赶家禽、牲畜进入有顶棚的场所，妥善保护易受冰雹袭击的汽车等室外物品或者设备； 5. 注意防御冰雹天气伴随的雷电灾害。

知识窗

爱车如何防冰雹？

- 迅速将汽车停入有顶棚的车库或地下停车场内。
- 用充气车衣、棉被等遮挡物进行保护。
- 不要停在大树下，以防树枝掉落，砸伤爱车。
- 冰雹结束后，注意地面积雹对车辆制动性能和行车稳定性的影响，防止制动失效、侧滑造成交通事故。

高温

定义及影响

高温 指日最高气温达到或超过 35℃的天气。连续 3 天及以上的高温天气过程称为高温热浪。

• 高温的危害

高温会诱发中暑，可能导致心脑血管等疾病的发生或加重，并容易使人疲劳、烦躁、易怒，影响工作效率和社会公共秩序；会使用水量、用电量急剧上升，引发停电、火灾等，给居民生产和生活带来不利影响；还容易导致食物中毒、车辆自燃等事故，威胁人民群众生命财产安全；持续的高温少雨天气还容易引发森林草原火灾，影响生态环境。

知识窗

为什么高温天总觉得气温报低了？

天气预报中所说的气温

以高于地面 1.5 米的百叶箱中，在通风且没有太阳直射情况下测得的空气温度为参考标准。

体感温度

体感温度与空气温度、风速、湿度和辐射等多个因素有关，且因人而异。

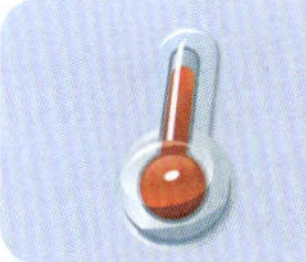

空气温度

风速

湿度

辐射

同一个人在气温相同的情况下，风速越小、湿度越大、辐射越强，则体感温度越高。

时空分布规律

时间分布规律

• 河北省 35°C以上高温天气主要集中在 6 月和 7 月，其中 6 月最多。月极端最高气温最大值也出现在 6 月。

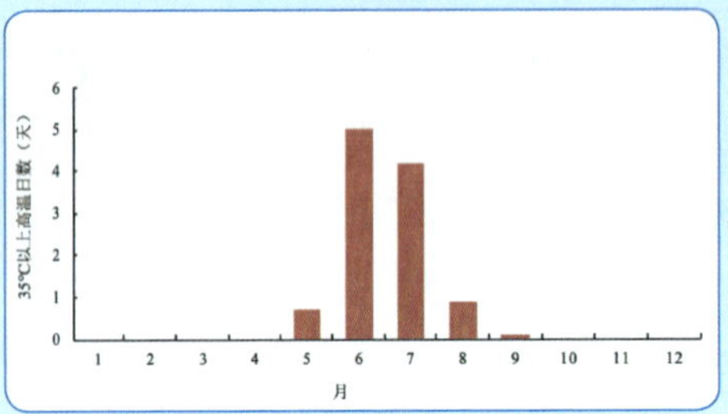

1978—2020 年河北省 35°C以上高温日数逐月分布*

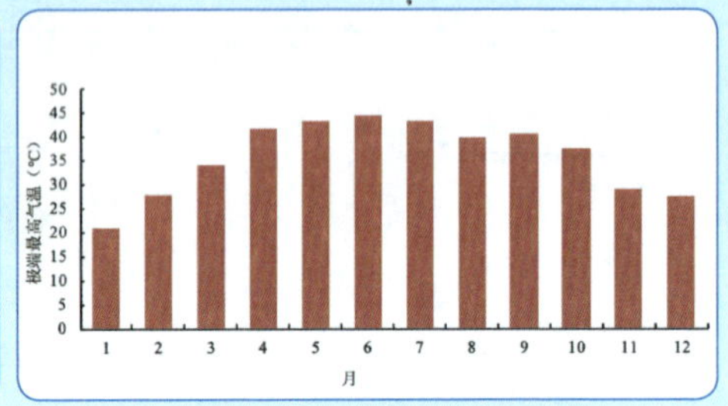

1978—2020 年河北省极端最高气温逐月分布

空间分布规律

• 河北省极端最高气温呈南高北低的分布特征

承德东部、保定南部、沧州中部和西部、石家庄、衡水、邢台和邯郸大部分地区极端最高气温在 42.0°C以上，其中邢台市沙河市最高，为 44.4°C。

• 河北省高温致灾危险性整体上呈现南高北低的分布特征

石家庄大部、衡水大部、邢台和邯郸大部分地区高温致灾危险性最高。这是综合考虑 35°C、38°C 以上高温日数和极端最高气温、平均最高气温等因素得到的。

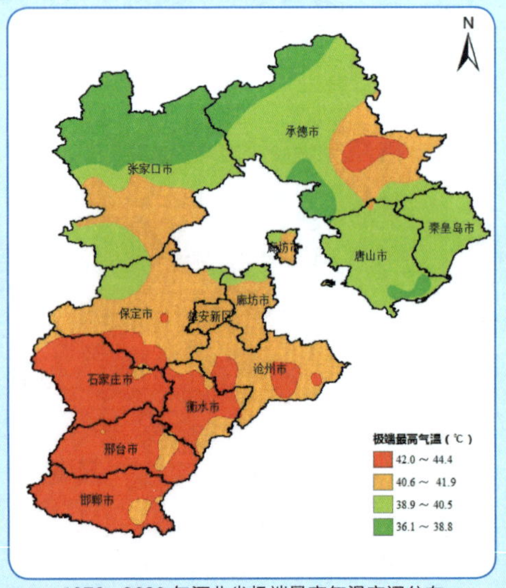

1978—2020 年河北省极端最高气温空间分布

* 注：图中“35°C以上高温日数”为全省 142 个国家气象观测站该月 35°C以上高温日数平均值除以统计年数得出。

危险区域

10—16 时为一天内气温最高时段，身处户外更易中暑；金属物体暴晒后表面温度很高，容易烫伤；阳光下密闭的车内温度会迅速升高。

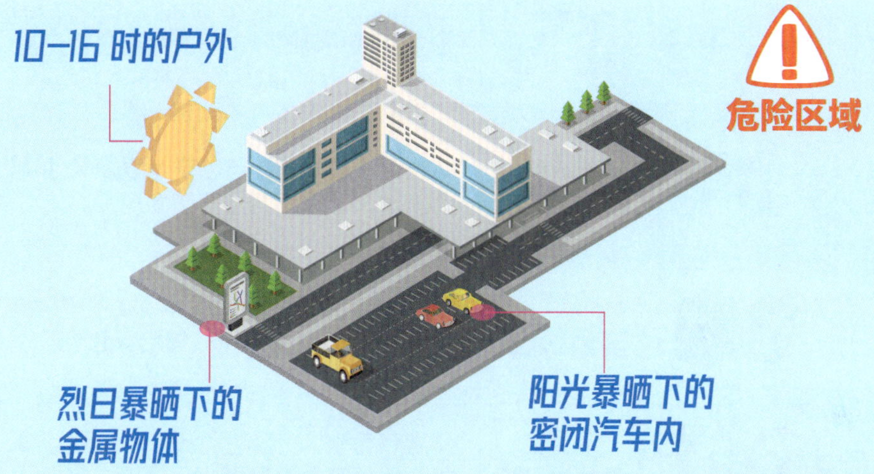

知识窗

什么是城市热岛效应？

热岛效应是指一个地区的气温高于周围地区的现象。主要有城市热岛效应和青藏高原热岛效应两种。城市热岛效应是城市气候最明显的特征之一，主要是由于城市建筑群密集、柏油路和水泥路面比郊区的土壤、植被具有更大的吸热率和更小的比热容，使得城市地区升温较快，并向四周和大气中大量辐射，造成同一时间城区气温普遍高于周围的郊区气温。

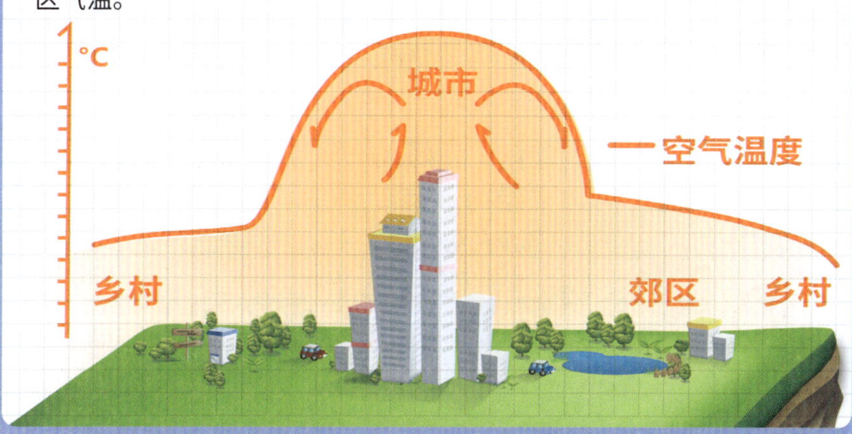

防御措施

高温来临前

检查防暑电器

检查空调、风扇等电器的功能是否正常。

准备防暑用品

购置储备防晒霜、防晒衣帽以及风油精、清凉油、藿香正气水等防暑药品。

检查车辆状态

及时检查老旧车辆的线路、油路，更换老化轮胎，防止发生自燃、爆胎等危险事故。

清理车内物品

不要将香水、一次性打火机、碳酸饮料、喷雾器材等易燃易爆物品放置在车内。

高温来临时

避免户外活动

尽量不要外出，尤其是 10—16 时，若必须外出应做好防护措施。

不触摸烈日下的金属

避免触碰烈日暴晒下的汽车外壳、金属栏杆等金属物体，防止烫伤。

合理使用降温电器

不对着空调、电扇直吹，不将空调温度调得过低，防止“空调病”“风扇病”发生。

禁洗冷水浴

不要为图一时痛快而用冷水洗头、洗脚，大汗淋漓时应先稍事歇息再用温水洗浴。

合理安排饮食

宜食用清淡、易消化食物，不要吃剩饭、剩菜。

合理安排午休

确保睡眠时间，并适当增加午休。

关注车辆状态

轮胎胎压不可过高，若感觉轮胎过烫，要自然降温或浇水物理降温；行驶中，留意车辆发生自燃的征兆，如异味、异响或车用电器功能失灵等。

下车前仔细检查

不要遗留易燃易爆物品，特别是不可将儿童、宠物等留在车内，因密闭的车内气温会迅速飙升，短时间内即可造成脱水中暑，危及生命。

有人中暑怎么办？

发现有人中暑应尽快将患者抬到阴凉通风处，解开患者衣物帮助散热，用凉水擦拭身体进行降温，若患者意识清醒可以给他喝一些淡盐水或运动饮料，若患者中暑症状仍得不到有效缓解，应及时就医。

高温预警信号

高温预警信号由低到高划分为两级，分别以橙色、红色表示。

预警等级	图标	标准	防御指南
橙色	高温 橙 HEAT WAVE	24 小时内最高气温将升至 37°C以上。	1. 有关部门和单位按照职责落实防暑降温保障措施； 2. 尽量避免在高温时段进行户外活动，高温条件下作业的人员应当缩短连续工作时间； 3. 对老、弱、病、幼人群提供防暑降温指导，并采取必要的防护措施； 4. 有关部门和单位应当注意防范因用电量过高电力负载过大而引发的火灾； 5. 车内勿放易燃物品，开车前应检查车况，严防车辆自燃。
红色	高温 红 HEAT WAVE	24 小时内最高气温将升至 40°C以上。	1. 有关部门和单位按照职责采取防暑降温应急措施； 2. 高温时段停止户外露天作业（除特殊行业外）和户外活动； 3. 对老、弱、病、幼人群采取保护措施； 4. 有关部门和单位要特别注意防火； 5. 车内勿放易燃物品，开车前应检查车况，严防车辆自燃。

知识窗

车内温度只有在高温天才会快速升高吗？

只要在阳光直射下，即便环境温度并不太高，车内温度也会快速升高。

阳光直射下的**环境温度** → 阳光直射下的**车内温度**

22°C —1 小时→ 45°C以上

>35°C —15 分钟→ 50°C以上

深色汽车车内升温速度更快

大风

定义及影响

大风 平均风力达到 6 级以上或阵风风力达到 8 级以上，就称为大风。

• 大风的危害

大风会吹翻船只、拔起大树、吹落果实、折断电杆、吹倒房屋、掀翻车辆，还能引起沿海的风暴潮，助长火灾等，造成巨大的生命和财产损失。

• 大风的益处

大风能带动全球大气能量和物质交换，帮助植物授粉、繁殖，用于风力发电，加速污染物扩散，改善生态环境。

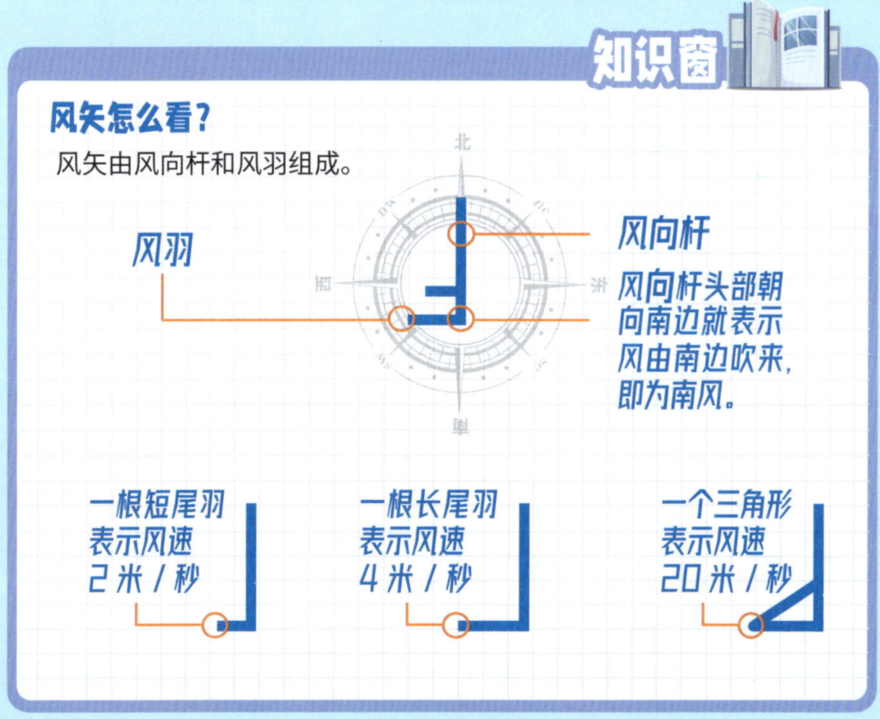

风力等级表

风力级数	名称	海浪		海岸船只征象	陆地地面征象	风速（相当于空旷平地上标准高度 10m 处的风速）		
		一般（米）	最高（米）			节	米 / 秒	千米 / 时
0	静风			静	静，烟直上	小于 1	0~0.2	小于 1
1	软风	0.1	0.1	平常渔船略觉摇动	烟能表示方向，但风向标不能动	1～3	0.3～1.5	1～5
2	轻风	0.2	0.3	渔船张帆时，每小时可随风移行 2～3km	人面感觉有风，树叶微响，风向标能转动	4～6	1.6～3.3	6～11
3	微风	0.6	1.0	渔船渐觉颠簸，每小时可随风移行 5～6km	树叶及微枝摇动不息，旌旗展开	7～10	3.4～5.4	12～19
4	和风	1.0	1.5	渔船满帆时，可使船身倾向一侧	能吹起地面灰尘和纸张，树的小枝摇动	11～16	5.5～7.9	20～28
5	清劲风	2.0	2.5	渔船缩帆（即收去帆之一部）	有叶的小树摇摆，内陆的水面有小波	17～21	8.0～10.7	29～38
6	强风	3.0	4.0	渔船加倍缩帆，捕鱼须注意风险	大树枝摇动，电线呼呼有声，举伞困难	22～27	10.8～13.8	39～49
7	疾风	4.0	5.5	渔船停泊港中，在海者下锚	全树摇动，迎风步行感觉不便	28～33	13.9～17.1	50～61
8	大风	5.5	7.5	进港的渔船皆停留不出	微枝折毁，人行向前感觉阻力甚大	34～40	17.2～20.7	62～74
9	烈风	7.0	10.0	汽船航行困难	建筑物有小损（烟囱顶部及平屋摇动）	41～47	20.8～24.4	75～88
10	狂风	9.0	12.5	汽船航行颇危险	陆上少见，可使树木拔起或使建筑物损坏严重	48～55	24.5～28.4	89～102
11	暴风	11.5	16.0	汽船遇之极危险	陆上很少见，有则必有广泛损坏	56～63	28.5～32.6	103～117
12	飓风	14.0	—	海浪滔天	陆上绝少见，摧毁力极大	64～71	32.7～36.9	118~133
13	—	—	—	—	—	72～80	37.0～41.4	134～149
14	—	—	—	—	—	81～89	41.5～46.1	150～166
15	—	—	—	—	—	90～99	46.2～50.9	167～183
16	—	—	—	—	—	100～108	51.0～56.0	184～201
17	—	—	—	—	—	109～118	56.1～61.2	202～220

注：本表所列风速是指相当于 10 米高处的风速。速度单位中，1 节 =1 海里 / 时，1 海里 =1852 米。

时空分布规律

时间分布规律

- **河北省的春季（3—5 月）大风日数多于其他季节，其中 4 月出现大风的日数最多。**

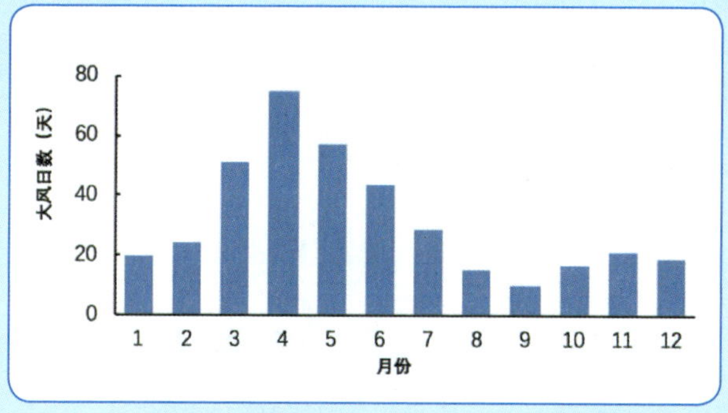

1978—2020 年河北省大风日数逐月分布*

空间分布规律

- **河北省年均大风日数总体上呈现自西北向东南递减，但沧州沿海地区又增多的特征**

张家口坝上地区最多，年均大风日数在 29.1 ～ 45.6 天，最大值出现在康保县，达 45.6 天。

- **河北省大风致灾危险性总体呈西北高东南低的态势**

张家口坝上、承德丰宁县一带大风致灾危险性最高。这是综合考虑大风日数和日极大风速等因素得到的。

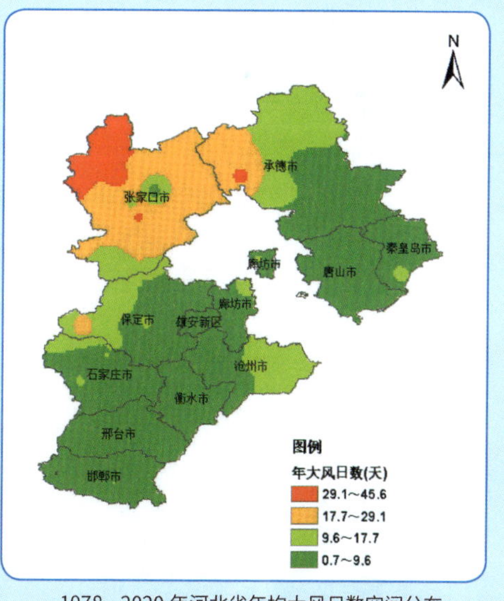

1978—2020 年河北省年均大风日数空间分布

* 注：图中“大风日数”为全省 142 个国家气象观测站该月大风日数平均值。

危险区域

刮大风时，大树、广告牌、危旧和临时建筑物易倒塌，高大建筑物顶部和外墙上的人和物品容易掉落，游船和充气类游乐设施易被大风掀翻或吹到空中。

知识窗

风是怎样形成的？

风是由空气流动引起的一种自然现象。主要受到地球自转和地表受热不均匀的影响。一方面，地球表面对大气的摩擦使空气随地球自转而运动，但由于空气和地面不是固定在一起的，所以空气的运动速度相比地表要慢，因此在地面上的人看来，空气便在运动。另一方面，太阳光照射在地球表面上，使地表温度升高，地表的空气受热膨胀密度变小而往上升。热空气上升后，低温的冷空气横向流入，这种空气的流动就产生了风。

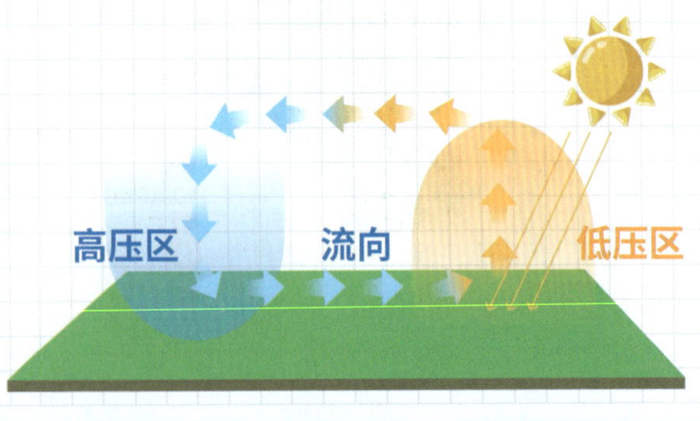

防御措施

加固临时搭建物

及时加固房屋门窗，以及大棚、围挡、棚架等易被风吹动的搭建物。

安置室外物品

收回并妥善安置易受大风损坏的室外物品，如露天阳台上放置的花盆、杂物和晾晒的被褥、衣物等。

合理选择避风场所

到就近的坚固建筑物内躲避，不要在高大建筑物、广告牌或大树的下方停留，尽量远离施工工地和临时搭建物。

注意出行安全

避免使用自行车，大风时难以把控行进方向；驾驶机动车应减速慢行，把稳方向盘，小心横风。

谨防狭管效应

经过两排高楼之间的狭窄地带时要提高警惕，因狭管效应会导致这里的风速明显增大。

停止高空或危险活动

停止高空、水上作业或娱乐项目，带孩子远离充气淘气堡等游乐设施。

大风预警信号

大风预警信号由低到高划分为四级，分别以蓝色、黄色、橙色、红色表示。

预警等级	图标	标准	防御指南
蓝色		预计未来 24 小时内受大风影响，陆地平均风力达 6 级，或阵风 7 级以上；或者渤海海区平均风力达 7～8 级，或阵风 9 级以上。	1. 政府及相关部门按照职责做好防大风工作； 2. 停止高空作业和户外游乐活动； 3. 关好门窗，加固围板、棚架、广告牌等易被大风吹动的搭建物，妥善安置易受大风损坏的室外物品，遮盖建筑物资； 4. 相关水域水上作业和过往船舶采取积极的应对措施，沿海注意风浪影响； 5. 刮风时不要在广告牌、临时搭建物等下面逗留； 6. 有关部门和单位密切关注森林、草原等防火。
黄色		预计未来 24 小时内受大风影响，陆地平均风力达 7～8 级，或阵风 9 级以上；或者渤海海区平均风力达 9～10 级，或阵风 11 级以上。	1. 政府及相关部门按照职责做好防大风工作； 2. 停止露天活动和高空等户外危险作业，危险地带人员和危房居民尽量转到避风场所避风； 3. 相关水域水上作业和过往船舶采取积极的应对措施，加固港口设施，防止船舶走锚、搁浅和碰撞，沿海注意风浪影响； 4. 切断户外危险电源，加固围板、棚架、广告牌等易被大风吹动的搭建物，妥善安置易受大风影响的室外物品，遮盖建筑物资； 5. 不要在高大建筑物、广告牌、临时搭建物或大树的下方停留； 6. 机场、高速公路等单位应当采取保障交通安全的措施，有关部门和单位注意森林、草原等防火。
橙色		预计未来 24 小时内受大风影响，陆地平均风力达 9～10 级，或阵风 11 级以上；或者渤海海区平均风力达 11～12 级，或阵风 13 级以上。	1. 政府及相关部门按照职责做好防大风应急工作； 2. 房屋抗风能力较弱的中小学校和单位应当停课、停业，人员减少外出； 3. 相关水域水上作业和过往船舶应当回港避风，加固港口设施，防止船舶走锚、搁浅和碰撞，沿海注意风浪影响； 4. 切断危险电源，妥善安置易受大风影响的室外物品，遮盖建筑物资； 5. 机场、铁路、高速公路、水上交通等单位应当采取保障交通安全的措施，有关部门和单位注意森林、草原等防火。
红色		预计未来 24 小时内受大风影响，陆地平均风力达 11 级以上，或阵风 12 级以上；或者渤海海区平均风力达 12 级以上。	1. 政府及相关部门按照职责做好防大风应急和抢险工作； 2. 人员应当尽可能停留在防风安全的地方，不要随意外出； 3. 沿海注意风浪影响，回港避风的船舶要视情况采取积极措施，妥善安排人员留守或者转移到安全地带； 4. 切断危险电源，妥善安置易受大风影响的室外物品，遮盖建筑物资； 5. 机场、铁路、高速公路、水上交通等单位应当采取保障交通安全的措施，有关部门和单位注意森林、草原等防火。

定义及影响

沙尘暴 沙尘天气的一种，指强风将地面大量尘沙吹起，使空气很混浊，水平能见度小于 1 千米的天气现象。

• 沙尘天气的分级

依照《沙尘天气等级》，根据能见度大小，沙尘天气可以划分为 5 个级别：

等级	浮尘	扬沙	沙尘暴	强沙尘暴	特强沙尘暴
水平能见度	＜10 千米（且风速≤3 米 / 秒）	1～10 千米	＜1 千米	＜500 米	＜50 米

• 沙尘的危害

沙尘暴多出现在我国西北地区和华北地区北部，常与大风相伴发生，可能造成水平能见度降低、农作物减产、土地沙漠化、交通阻塞、电力中断、大气污染，并给人身健康和安全造成危害。

• 沙尘的益处

沙尘在降落过程中可以吸附、中和空气中的氮氧化物、二氧化硫等有害物质，改善空气质量，减少酸雨形成。沙尘作为一种气溶胶，可在一定程度上抑制温室效应导致的全球变暖。沙尘随风漂洋过海，降落在海洋中，沙尘中蕴含的氮、磷等物质可为海洋中的浮游生物提供营养，从而有利于整个海洋生态的发展。

时空分布规律

时间分布规律

• 河北省浮尘、扬沙、沙尘暴的月分布特征极为相似，都主要出现在春季，尤以 4 月最多。

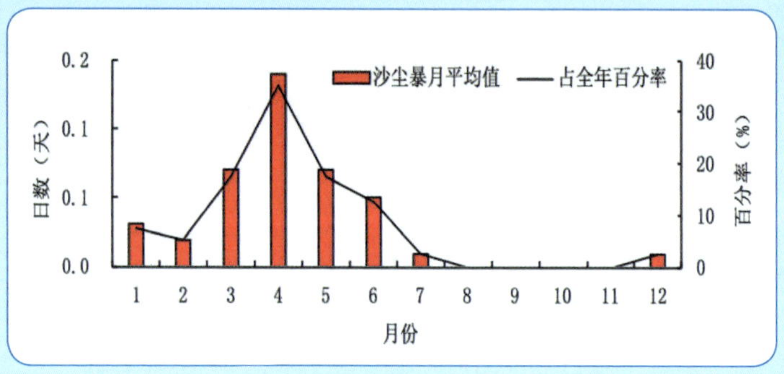

1978—2020 年河北省平均沙尘暴日数逐月分布

空间分布规律

• 河北省浮尘天气呈现北部和东部沿海地区少、中南部偏西地区多的特点。邢台宁晋最多，为 25.6 天。

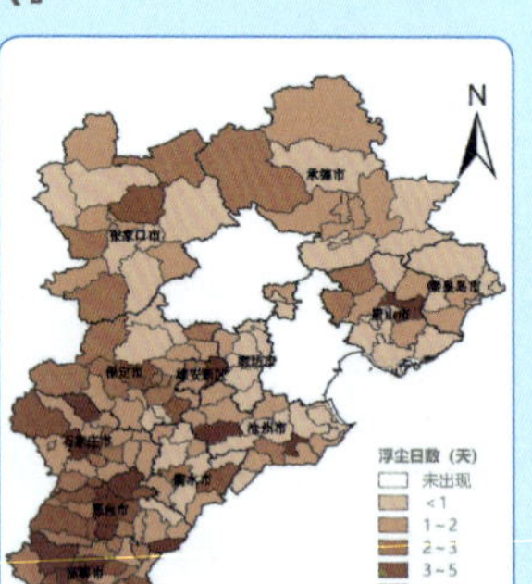

1978—2020 年河北省年平均浮尘日数分布

• 河北省扬沙天气呈现东北部地区和中部偏西地区少、中南部偏西地区多的特点。邢台宁晋最多，为 29.9 天。

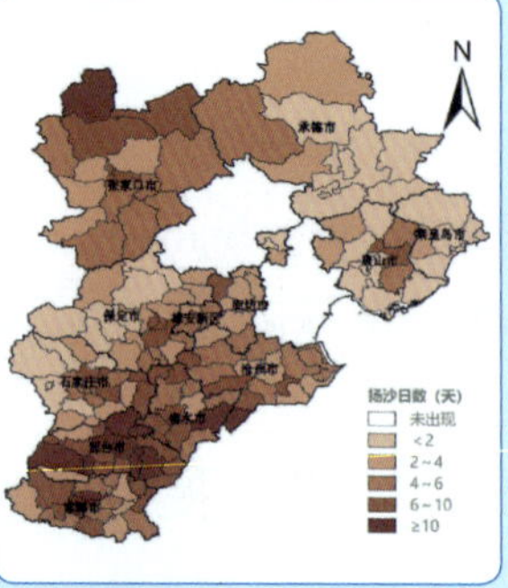

1978—2020 年河北省年平均扬沙日数分布

• 河北省沙尘暴天气呈现东北部和中部偏西地区少、西北部和中南部偏东地区多的特点。张家口康保最多，为 4.4 天。

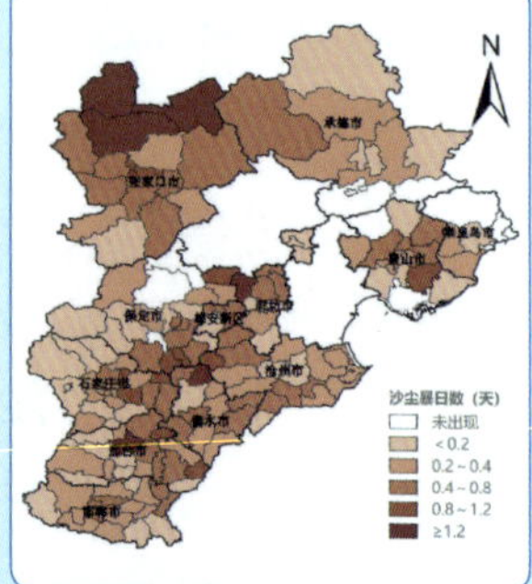

1978—2020 年河北省年平均沙尘暴日数分布

危险区域

沙尘暴与大风相伴发生，其危险区域与大风基本一致。但由于沙尘暴会影响视线，所以驾车行驶在高速公路和城市快速路上时危险性也较高。空旷的野外因无处躲避，沙尘暴来袭时也比较危险。

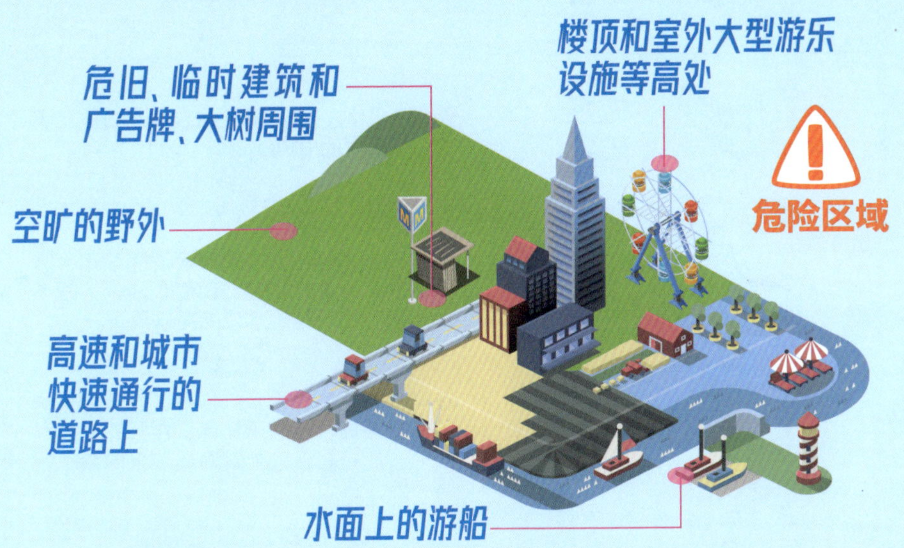

知识窗

沙尘暴是怎么形成的？

干旱少雨的气候和过度的砍伐、放牧，造成土壤裸露、沙化迅速扩展，为沙尘暴的形成提供了大量沙源。不稳定的热力结构有利于强对流的发生、发展，从而将大量沙尘卷扬到空中，此时如果有系统性的大风过程出现，空气的运动便会将这些沙尘快速输送到很远的地方，从而形成沙尘暴。

防御措施

	避免外出	最好待在室内不要外出，并关好门窗，必要时使用胶条封住门窗缝隙。
	做好防尘	必须外出时，穿戴防尘的衣服、口罩、手套、眼镜和纱巾等。
	及时清洗	从室外回到室内，应及时清洗面部和裸露的皮肤，并清理鼻腔、口腔；沙尘入眼不可揉搓，应用眼药水或纯净水清洗。
	合理躲避	在室外要远离树木、广告牌、高耸建筑物和危旧墙体、临时隔挡等；在野外无处躲避时，应选择低洼处背对风沙来向蹲下，等待沙尘暴过去。
	身体不适速就医	一旦发生慢性咳嗽或气短、发作性喘憋及胸痛时，应尽快到医院检查、治疗。

沙尘从何而来？

影响我国的沙尘暴源区可分为境外和境内两处。境外沙尘源区主要位于蒙古国东南部戈壁荒漠区和哈萨克斯坦东南部荒漠区。境内沙尘源区主要位于内蒙古东部的浑善达克沙地中西部、阿拉善盟中蒙边境地区、新疆南疆的塔克拉玛干沙漠和北疆的古尔班通古特沙漠。

沙尘暴预警信号

沙尘暴预警信号由低到高分为三级，分别以黄色、橙色、红色表示。

预警等级	图标	标准	防御指南
黄色	沙尘暴 黄 SAND STORM	24 小时内可能出现沙尘暴天气，能见度小于 1000 米；或者已经出现沙尘暴天气并可能持续。	1. 政府及相关部门按照职责做好防沙尘暴工作； 2. 关好门窗，加固围板、棚架、广告牌等易被风吹动的搭建物，妥善安置易受大风影响的室外物品，遮盖建筑物资，做好精密仪器的密封工作； 3. 注意携带口罩、纱巾等防尘用品，以免沙尘对眼睛和呼吸道造成损伤； 4. 呼吸道疾病患者、对风沙较敏感人员不要到室外活动。
橙色	沙尘暴 橙 SAND STORM	24 小时内可能出现强沙尘暴天气，能见度小于 500 米；或者已经出现强沙尘暴天气并可能持续。	1. 政府及相关部门按照职责做好防沙尘暴应急工作； 2. 停止露天活动和高空、水上等户外危险作业； 3. 机场、铁路、高速公路等单位做好交通安全的防护措施，驾驶人员注意沙尘暴变化，小心驾驶； 4. 行人注意尽量少骑自行车，户外人员应当戴好口罩、纱巾等防尘用品，注意交通安全。
红色	沙尘暴 红 SAND STORM	24 小时内可能出现特强沙尘暴天气，能见度小于 50 米；或者已经出现特强沙尘暴天气并可能持续。	1. 政府及相关部门按照职责做好防沙尘暴应急抢险工作； 2. 人员应当留在防风、防尘的地方，不要在户外活动； 3. 学校、幼儿园推迟上学或者放学，直至特强沙尘暴结束； 4. 飞机暂停起降，火车暂停运行，高速公路暂时封闭。

大雾

定义及影响

大雾 是空气中的水汽达到饱和后凝结成极为细小的水滴或凝华成细小的冰晶（温度达到或低于 0°C时），并悬浮在空中，使水平能见度小于 500 米的现象。

• 雾的分级

依照气象行业标准《雾的等级及预报》，根据水平能见度大小，雾可以分为 4 个等级：

等级	雾	大雾	浓雾	特浓雾
水平能见度	＜1000 米	＜500 米	＜200 米	＜50 米

• 雾的影响

雾对海陆空交通及通信等方面影响很大。尤其是在雾较浓时，常导致交通事故发生、通信中断、电网损坏等，给生命、财产及国民经济带来巨大损失。大雾还会使空气质量变差，危害人体健康。

知识窗

雾闪是怎么回事？

雾闪也称“污闪”，是指浓雾使绝缘体表面附着的污物在潮湿条件下形成一层导电膜，从而大幅度降低绝缘子的绝缘水平，在电力场作用下出现的强烈放电现象。雾闪常会引发电气设备和输电线路短路、跳闸等故障，导致电网断电，影响生产、生活用电，带来严重的经济损失。

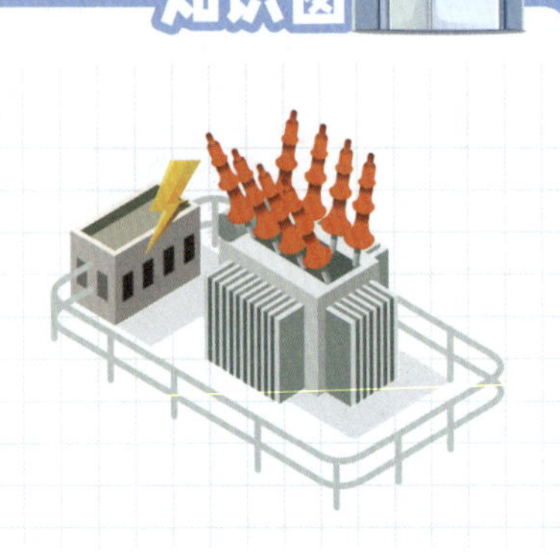

时空分布规律

时间分布规律

- **河北省冬半年大雾出现日数相对较多，12 月最多。**

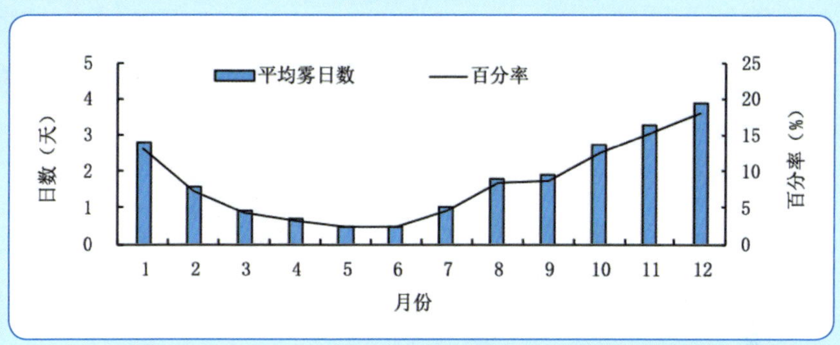

1978—2020 年河北省平均大雾日数逐月分布*

空间分布规律

- **河北省年平均大雾日数北少南多，平原多山区少。**

太行山以东平原地区大雾日数明显较多，年平均大雾日数在 30 天以上，其中，邯郸广平最多，为 51.7 天

综合考虑大雾日数及对人口、交通运输和设施农业的影响，河北省大雾灾害综合风险总体呈现南高北低的分布特征，廊坊北部、雄安新区西部、保定东南部、石家庄中东部、衡水西部、邢台和邯郸东部大雾灾害风险最高。

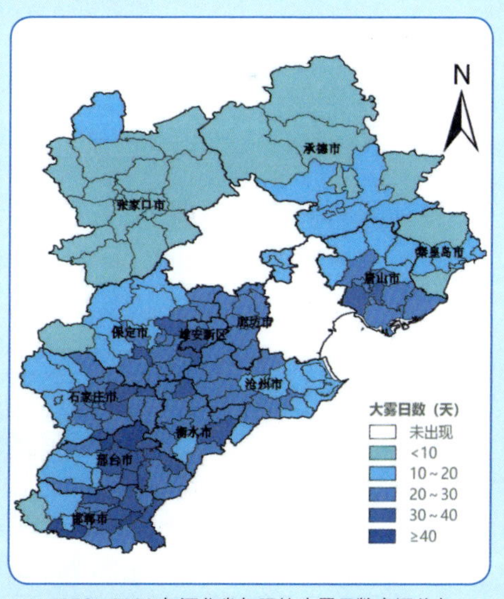

1978—2020 年河北省年平均大雾日数空间分布

注：图中“日数”为全省 142 个国家气象观测站该月大雾日数平均值除以统计年数得出。

危险区域

因大雾影响视线，机动车较多的道路，特别是高速公路和城市快速路上易发生车祸。午夜至清晨是大雾高发时段，身处户外更易受到大雾影响。

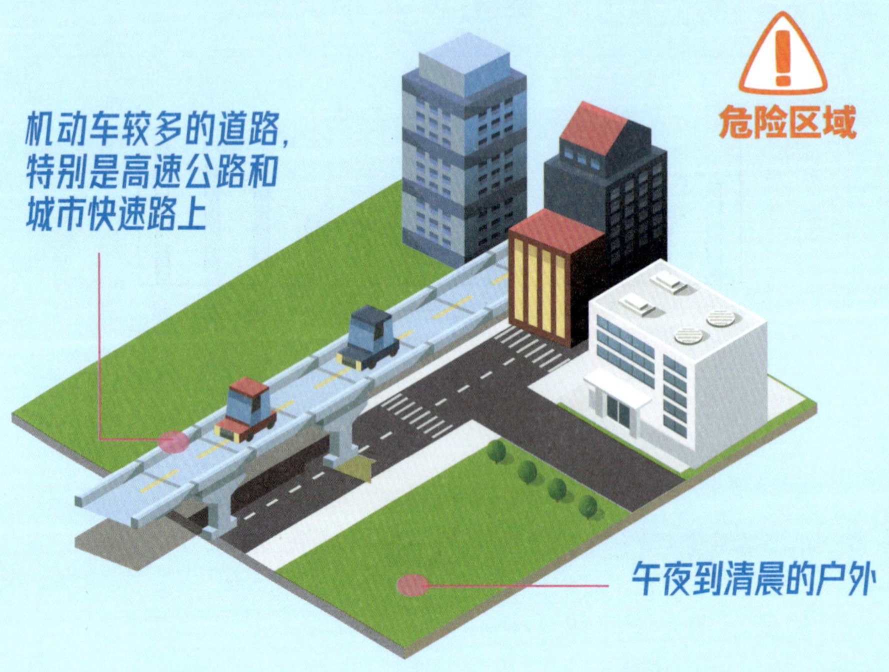

知识窗

雾和霾有哪些异同点？

相同点 1. 都是使水平能见度下降的天气现象。
2. 都在大气稳定状态下形成。

不同点

雾		霾
水凝物，粒子较薄，边界明显	性状	干性粒子，较厚，无明显边界
高于90%	相对湿度	低于80%
乳白色	颜色	灰色或黄褐色
午夜至清晨出现，上午消散	时间	全天持续
小于1千米	能见度	多为1～10千米

防御措施

由于雾和霾的危害相近，故防御措施也基本一致。

关好门窗

尽量不要开窗，在室内使用空气净化器；确实需要开窗透气的，可在午后时段，将窗户打开一条缝通风，时间每次以半小时至 1 小时为宜。

停止晨练

雾、霾天气晨练，除了可导致呼吸系统疾病外，亦可导致心脑血管疾病；大雾时能见度差、路面湿滑，容易摔伤。

清淡饮食

雾、霾天气宜选择清淡易消化的食物，少吃刺激性食物，多吃新鲜蔬菜和水果，适量补充各种维生素和无机盐。

做好防护

雾、霾天气应尽量减少外出，确需外出时可戴医用口罩或防霾口罩来预防 $PM_{2.5}$ 和 PM_{10} 等有害颗粒；出行避开交通拥挤的高峰时段，尽量穿颜色鲜艳的衣服，提高识别度，保护人身安全。

避开人群

尽量别去超市、商场等人群密集场所，这些地方空气流通差，易造成呼吸系统疾病交叉感染。

及时清洗

外出归来要及时清洗面部、手部和裸露的皮肤，并清理鼻腔、口腔。

谨慎驾驶

雾、霾天时能见度差，驾车、骑车都要减速慢行，勤按喇叭，合理使用车灯，避免发生交通事故；遇到能见度特别低的路段，应缓缓减速靠右行驶，在安全地带停车，开启示廓灯及双闪，待能见度转好后再继续行驶。

大雾预警信号

大雾预警信号由低到高划分为三级，分别以黄色、橙色、红色表示。

预警等级	图标	标准	防御指南
黄色	大雾 黄 HEAVY FOG	预计未来24小时内出现能见度小于500米的雾，或者已经出现能见度小于500米的雾并将持续。	1. 有关部门和单位按照职责做好防雾准备工作； 2. 机场、高速公路、轮渡码头等单位加强交通管理，保障安全； 3. 驾驶人员注意雾的变化，小心驾驶； 4. 户外活动注意安全。
橙色	大雾 橙 HEAVY FOG	预计未来24小时内出现能见度小于200米的雾，或者已经出现能见度小于200米的雾并将持续。	1. 有关部门和单位按照职责做好防雾工作； 2. 机场、高速公路、轮渡码头等单位加强调度指挥； 3. 驾驶人员必须严格控制车、船的行进速度； 4. 减少户外活动。
红色	大雾 红 HEAVY FOG	预计未来24小时内出现能见度小于50米的雾，或者已经出现能见度小于50米的雾并将持续。	1. 有关部门和单位按照职责做好防雾应急工作； 2. 有关单位按照行业规定适时采取交通安全管制措施，如机场暂停飞机起降，高速公路暂时封闭，轮渡暂时停航等； 3. 驾驶人员根据雾天行驶规定，采取雾天预防措施，根据环境条件采取合理行驶方式，并尽快寻找安全停放区域停靠； 4. 不要进行户外活动。

知识窗

高速途中遇到团雾怎么办？

团雾不同于普通的雾，它个头很小，能见度却非常低，多发生在附近有河流、水库的高速路段，开车闯入团雾中，往往还没反应过来，周围已经白茫茫一片了。进入团雾区，不要立即停车，防止发生连续追尾事故，正确的做法是，在确保安全的前提下减速慢行，开启双闪和雾灯，就近选择出口驶出，或就近到服务区暂避。

寒潮

定义及影响

寒潮 高纬度的冷空气大规模地向中低纬度侵袭，造成剧烈降温的天气活动。

• 寒潮的分级

依照《寒潮等级》国家标准，寒潮等级根据降温幅度和日最低气温可以划分为 3 个等级：

等级	标准
寒潮	日最低（或日平均）气温 24 小时内降温幅度≥ 8°C，或 48 小时内降温幅度≥ 10°C，或 72 小时内降温幅度≥ 12°C，并且使该地日最低气温≤ 4°C
强寒潮	日最低（或日平均）气温 24 小时内降温幅度≥ 10°C，或 48 小时内降温幅度≥ 12°C，或 72 小时内降温幅度≥ 14°C，并且使该地日最低气温≤ 2°C
特强寒潮	日最低（或日平均）气温 24 小时内降温幅度≥ 12°C，或 48 小时内降温幅度≥ 14°C，或 72 小时内降温幅度≥ 16°C，并且使该地日最低气温≤ 0°C

• 寒潮的危害

寒潮是一种大型的天气过程，常伴有大风、雨雪、雨凇、霜冻、低温等灾害性天气，从而导致道路结冰、交通阻塞、农林作物冻害、供电和通信设备损坏等，还会加大城市供电、供暖负荷，引发呼吸和心脑血管疾病。

• 寒潮的益处

寒潮带来的大范围雨雪可以缓解冬季旱情，寒潮大风可以提高风力发电量，寒潮低温还可以杀死、抑制潜伏在土壤中的害虫与病菌，减轻来年病虫害的发生。

知识窗

入侵我国的冷空气从哪里来？

影响我国的冷空气发源地主要有 3 个：一是新地岛以西洋面，二是新地岛以东洋面，三是冰岛以南洋面。其中 95% 的冷空气都要经过西伯利亚中部（70°—90° E，43°—65° N）地区，并在那里聚集加强，该区域被称为寒潮关键区。

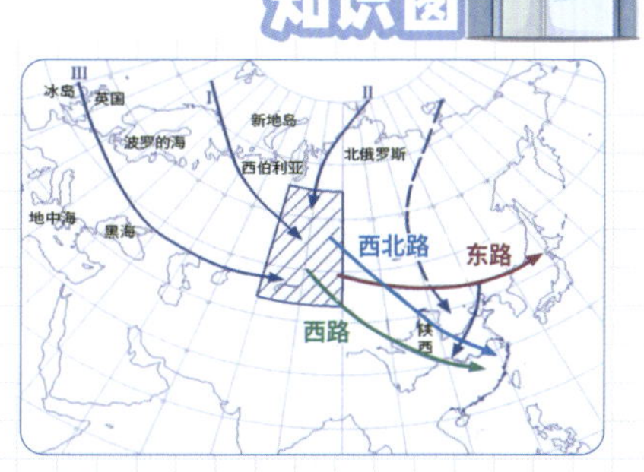

时空分布规律

时间分布规律

- **河北省寒潮主要出现在10月至次年4月，其中11月寒潮出现日数最多。**

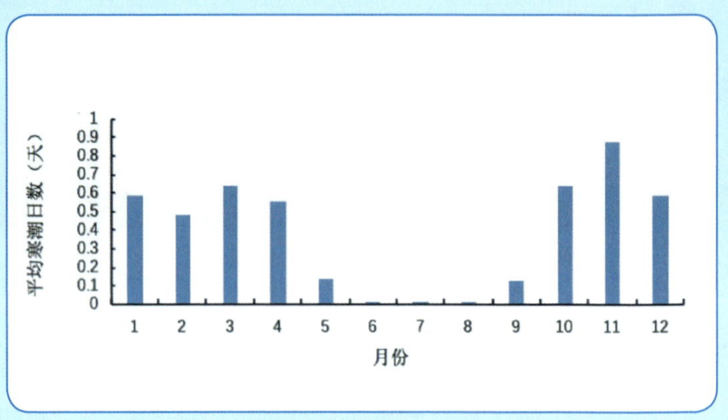

1978—2020年河北省平均寒潮日数逐月分布*

空间分布规律

- **河北省各地年平均寒潮日数整体呈北多南少的分布特征**

张家口、承德大部分地区年平均寒潮日数在10天以上，其中张家口张北县年平均寒潮日数最多，为25.1天。

- **河北省寒潮致灾危险性整体呈北高南低态势**

综合考虑寒潮次数、持续日数、累计降温幅度和日最大降温幅度等因素，张家口北部地区危险性最高。

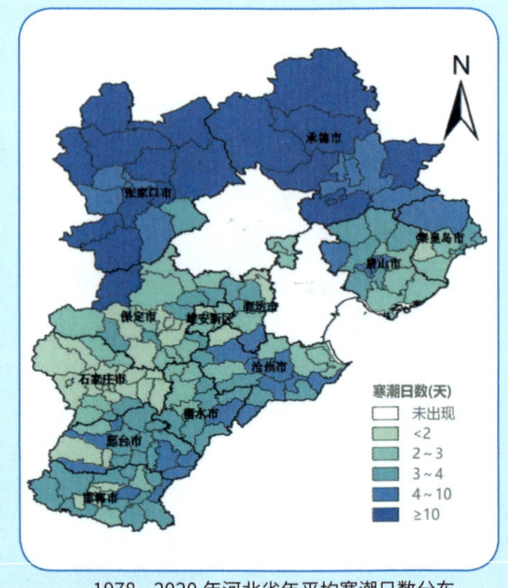

1978—2020年河北省年平均寒潮日数分布

*注：图中“平均寒潮日数”为全省142个国家气象观测站该月寒潮日数平均值除以统计年数得出。

危险区域

寒潮多与大风相伴发生，枯树、临时搭建物和广告牌等容易倒塌；结冰的路面容易使行人滑倒、车辆发生交通事故，结冰的水面容易发生破裂使冰面上的人坠落水中；屋檐、桥洞下的冰凌在温度回升时容易掉落砸伤行人；煤炉、燃气炉使用不当容易发生一氧化碳中毒。

知识窗

寒冷时会出现一些不太常见的天气现象，如雨凇和雾凇，它们分别是什么？

雨凇： 过冷却的液态降水（冻雨）碰到地面物体后直接冻结而成的毛玻璃状或透明的坚硬冰层，外表光滑或略有隆突。雨凇是一种灾害天气现象，严重的雨凇厚度可达几厘米，能压断树木、电线和电杆，造成供电和通信的中断，妨碍公路和铁路交通，威胁飞机飞行安全。

雾凇： 低温时空气中水汽直接凝华，或过冷雾滴直接冻结在物体上的乳白色冰晶沉积物。雾凇有两类：针状雾凇、粒状雾凇。粒状雾凇可增至很大的厚度，严重时会破坏树木、电线，影响交通、供电和通信。雾凇结构比较松脆，受震后易掉落。

防御措施

来临前

做好防风保暖准备

加固室外搭建物，对家中墙壁、缝隙、窗户和供水管道进行防风和保温处理；备好保暖衣物和用品。

备好除雪防冻用品

检查房屋和汽车的防冻设施；备好防冻液、雪铲、融雪剂等用品。

发生时

• 在室内

室内取暖安全第一

煤炉取暖，要提防煤气中毒；电器取暖，要注意用电安全，预防火灾。

关爱老弱保暖御寒

老年人和幼儿耐寒能力差，应给予足够关注，采取相应保暖措施。

调整食物摄取热量

适当吃些高热量食物，增加身体热量摄取。

清扫积雪防护房屋

如果积雪过深，及时清扫屋顶和棚架，以免被雪压塌。

在户外

	防寒防冻	外出要做好防风防寒保暖措施，大衣、帽子、手套和口罩等穿戴齐全；不在户外用皮肤直接接触金属物体，防止粘连和冻伤。
	防滑 防落水	穿着鞋底摩擦力大的鞋子出行；远离河边、湖边，不随意踩冰面。
	防雪 防冰凌	远离被积雪覆盖的广告牌、临时搭建物和大树，避免被砸伤；路过桥下、屋檐要小心观察或绕道通过，以免冰凌融化脱落伤人。
	及时就医	若手指、脚趾、耳垂和鼻尖等部位出现麻木感或淡色斑点等冻伤征兆，或出现不由自主地颤抖、记忆力减退、失去方向感等体温过低征兆，应立即转移到温暖的地方，做好保温措施，寻求医生帮助。

在车上

	开除霜 防雾气	车内外温差较大时，易使车窗产生雾气影响视线，应保持除霜常开。
	降车速 少变道	要保持直线行驶，避免频繁变道、超车、急打方向；桥面温度比普通路面温度低，更容易结冰，一定要谨慎慢行。
	缓过弯 不急刹	遇到转弯处时，匀速慢行，避免急刹，否则容易发生侧滑或侧翻。
	保持车距 防追尾	在冰雪路面行驶时，车距要保持在平时的2～3倍，以防前车突然刹车，导致追尾事故。

寒潮预警信号

寒潮预警信号由低到高划分为四级，分别以蓝色、黄色、橙色、红色表示。

预警等级	图标	标准	防御指南
蓝色	℃ 寒潮 蓝 COLD WAVE	预计未来48小时内平均气温或者最低气温下降10℃以上，最低气温小于等于4℃。	1. 政府及有关部门按照职责做好防寒潮准备工作； 2. 农、林、养殖业做好防冻害准备； 3. 有关部门视情况调节供暖，燃煤取暖用户注意防范一氧化碳中毒； 4. 注意添衣保暖。
黄色	℃ 寒潮 黄 COLD WAVE	预计未来48小时内平均气温或者最低气温下降12℃以上，最低气温小于等于0℃。	1. 政府及有关部门按照职责做好防寒潮工作； 2. 农、林、养殖业做好防冻害工作； 3. 有关部门视情况调节居民供暖，燃煤取暖用户注意防范一氧化碳中毒； 4. 注意添衣保暖，照顾好老、弱、病人。
橙色	℃ 寒潮 橙 COLD WAVE	预计未来48小时内平均气温或者最低气温下降16℃以上，最低气温小于等于-4℃。	1. 政府及有关部门按照职责做好防寒潮应急工作； 2. 农、林、养殖业采取防冻措施； 3. 有关部门视情况调节居民供暖，燃煤取暖用户注意防范一氧化碳中毒； 4. 注意防寒保暖，照顾好老、弱、病人。
红色	℃ 寒潮 红 COLD WAVE	预计未来48小时内平均气温或者最低气温下降18℃以上，最低气温小于等于-4℃。	1. 政府及相关部门按照职责做好防寒潮的应急和抢险工作； 2. 农、林、养殖业要积极采取防冻措施，尽量减少损失； 3. 有关部门视情况调节居民供暖，燃煤取暖用户注意防范一氧化碳中毒； 4. 注意防寒保暖，预防感冒和冻伤。

暴雪

定义及影响

暴雪 指 24 小时降雪量 10.0 毫米或以上的降雪天气过程。

• 降雪量分级

依照《降水量等级》国家标准，降雪等级根据 24 小时降水量可以划分为 7 个等级：

等级	微量降雪（零星小雪）	小雪	中雪	大雪	暴雪	大暴雪	特大暴雪
24 小时降水量（单位：毫米）	＜ 0.1	0.1~2.4	2.5~4.9	5.0~9.9	10.0~19.9	20.0~29.9	≥ 30.0

• 暴雪的危害

暴雪常与低温冻害相伴发生，会造成房屋损坏、电力与通信中断和农业设施受损、农作物减产、家禽牲畜死亡等；雪后道路湿滑，还会导致交通受阻、事故多发、行人摔伤。

• 暴雪的益处

适当的降雪可以杀死越冬害虫，为越冬作物保温添肥、补充水分，还可以吸附空气中的有害颗粒物，净化空气。

知识窗

降雪量就是积雪深度吗？

降雪量与降雪深度是两个不同的概念，降雪量并不是指积雪深度。

降 雪 量： 降雪量是气象观测员用标准的降水观测容器（俗称雨量器），将收集到的雪融化后测量出的量度，以毫米为单位，亦称降水量。

积雪深度： 积雪深度是指从积雪表面到地面的积雪垂直深度，可通过雪深监测仪或由气象观测员在落地雪尚未融化时，使用量雪尺在观测场内或附近平坦、开阔的地方测得，以厘米为单位。

时空分布规律

时间分布规律

- **河北省降雪日数主要集中在 11 月至次年 3 月，其中 2 月降雪日数最多。**

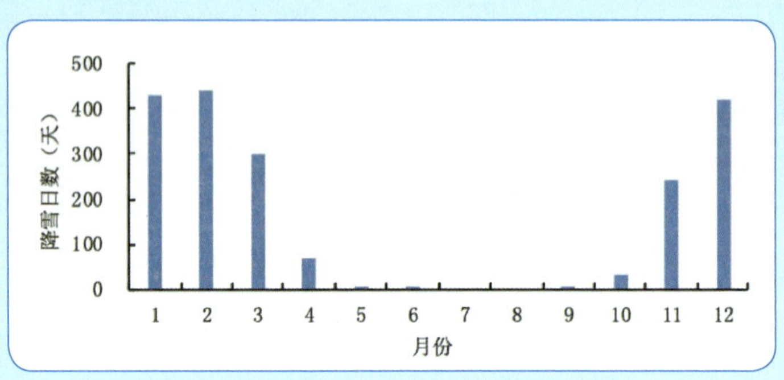

1978—2020 年河北省降雪日数逐月分布*

空间分布规律

- **河北省年平均大雪以上日数总体呈现西北多、中东少的分布特征**

张家口北部、承德西北部及南部的大雪及以上日数最多，在 2.0 天以上，年大雪及以上日数最大值出现在张家口沽源县，达 3.0 天。

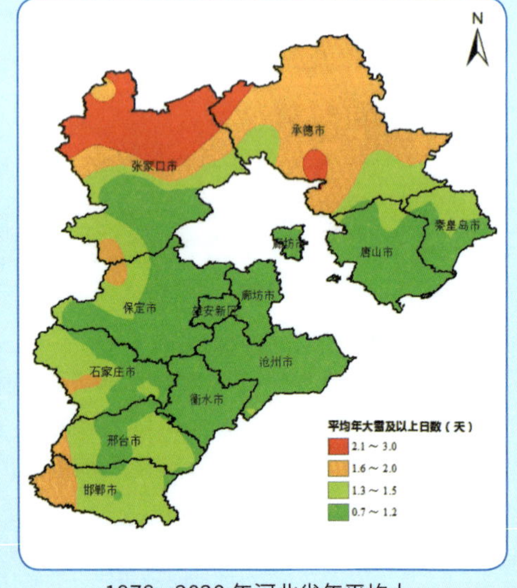

1978—2020 年河北省年平均大雪及以上日数空间分布

- **河北省雪灾致灾危险性分布总体呈现北部高于南部、西部高于东部的分布特征，高原和山地等地势高的地区雪灾致灾危险性要高于平原和沿海地区**

张家口北部、承德北部及西南部地区的雪灾致灾危险性最高。这是综合考虑累计降雪量、年最大积雪深度和大雪及以上日数等因素得到的。

---

* 注：图中“降雪日数”为全省 142 个国家气象观测站该月降雪日数之和除以统计年数得出。

危险区域

积雪会使路面湿滑，容易引发交通事故和使行人跌倒、摔伤；大量积雪容易压塌枯树、简易棚架和危旧建筑，使附近人员受伤。

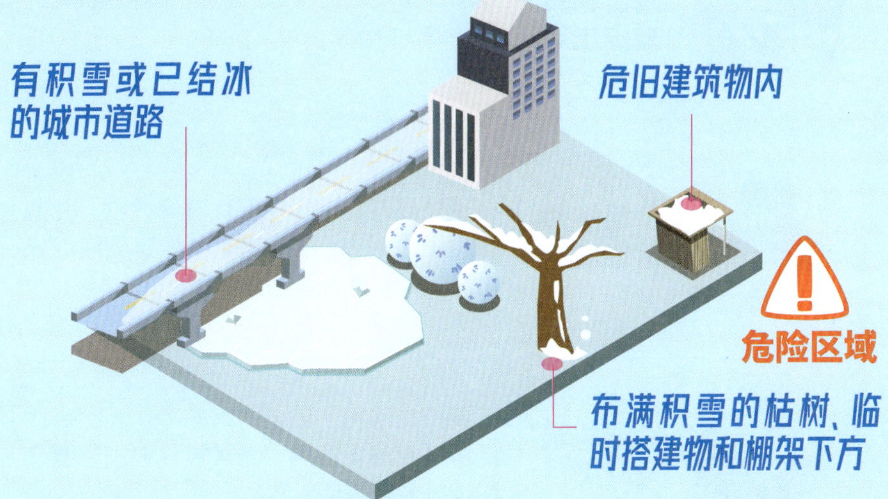

知识窗

干雪和湿雪的区别有哪些？

干雪			湿雪		
形成原因	雪重	危害	形成原因	雪重	危害
雪花在降落的途中，气层的温度始终在0℃以下，使其能够以雪花的状态降落到地面而成为干雪。	含水量低，通常1平方米面积上8~10毫米积雪约重1千克。	不易融化，容易造成较大的雪灾。	雪花在降落的途中，高空时气层温度在0℃以下，但在近地面气层温度高于0℃，雪花落入后还未来得及全部融化便落到地面，就会成为半融状态的湿雪。	含水量高，通常1平方米面积上6~8毫米积雪约重1千克。	对于单位面积相同体积的雪，含水量高的湿雪较干雪重，雪压相对大，同时湿雪的黏性也要大一些，更易吸附在树枝、电线上，造成树枝折断、电线断裂或电线杆被拉倒。

防御措施

储备物资 减少出行

提前贮备足够的食物、水和防寒保暖用品，尽量减少外出。

保暖防滑 注意安全

必须外出时，选择轻便保暖的衣物，并戴好帽子、围巾、手套等；不要穿硬底或光滑底的鞋，避免滑倒摔伤。

危旧建筑 及时撤离

不要待在结构不安全的房子中，大跨度的厂房等要进行加固，如果被积雪围困要及时拨打报警电话求救。

远离临建 防止砸伤

在室外要远离存有大量积雪的广告牌、临时搭建物和老树等，防止积雪压塌造成伤害。

驾车出行 谨防事故

可给轮胎适当放气，增加与路面的摩擦力；听从交警指挥，减速慢行，保持足够车距；拐弯提前减速，避免急刹；有条件应安装防滑链，佩戴有色眼镜。

及时清扫 降低风险

及时清扫小区道路上的积雪，降低滑倒摔伤风险；用车前先清除汽车上的积雪，防止车辆在高速行驶过程中积雪突然掉落，遮挡视线或损坏自己及后方车辆，引发交通事故。

暴雪预警信号

暴雪预警信号由低到高划分为四级，分别以蓝色、黄色、橙色、红色表示。

预警等级	图标	标准	防御指南
蓝色	暴雪 蓝 SNOW STORM	预计未来24小时内降雪总量达到10毫米以上；或者实况已经出现上述情况，且降雪可能持续。	1. 政府及有关部门按照职责做好防雪灾和防冻害准备工作； 2. 交通、铁路、电力、通信等部门应当进行道路、铁路、线路巡查维护，做好道路清扫和积雪融化工作； 3. 行人注意防寒防滑，驾驶人员小心驾驶，车辆应当采取防滑措施； 4. 农牧区和种养殖业要储备饲料，做好防雪灾和防冻害准备； 5. 加固棚架等易被雪压的临时搭建物。
黄色	暴雪 黄 SNOW STORM	预计未来24小时内降雪总量达到15毫米以上；或者实况已经出现上述情况，且降雪可能持续。	1. 政府及相关部门按照职责落实防雪灾和防冻害措施； 2. 交通、铁路、电力、通信等部门应当加强道路、铁路、线路巡查维护，做好道路清扫和积雪融化工作； 3. 行人注意防寒防滑，驾驶人员小心驾驶，车辆应当采取防滑措施； 4. 农牧区和种养殖业要备足饲料，做好防雪灾和防冻害准备； 5. 加固棚架等易被雪压的临时搭建物。
橙色	暴雪 橙 SNOW STORM	预计未来24小时内降雪总量达到20毫米以上；或者实况已经出现上述情况，且降雪可能持续。	1. 政府及相关部门按照职责做好防雪灾和防冻害的应急工作； 2. 交通、铁路、电力、通信等部门应当加强道路、铁路、线路巡查维护，做好道路清扫和积雪融化工作； 3. 减少不必要的户外活动； 4. 加固棚架等易被雪压的临时搭建物，将户外牲畜赶入棚圈喂养。
红色	暴雪 红 SNOW STORM	预计未来24小时内降雪总量达到30毫米以上；或者实况已经出现上述情况，且降雪可能持续。	1. 政府及相关部门按照职责做好防雪灾和防冻害的应急和抢险工作； 2. 必要时停课、停业（除特殊行业外）； 3. 必要时飞机暂停起降，火车暂停运行，高速公路暂时封闭； 4. 做好牧区等救灾救济工作。